Osprey New Vanguard
オスプレイ・ミリタリー・シリーズ

世界の軍艦イラストレイテッド
3

ドイツ海軍のE-ボート 1939-1945

［著］
ゴードン・ウィリアムソン
［カラー・イラスト］
イアン・パルマー
［訳］
手島 尚

German E-boats 1939-45

Text by
Gordon Williamson

Colour Plates by
Ian Palmer

大日本絵画

目次 contents

3	第二次大戦に至るまで INTRODUCTION
7	各型の詳細 DEVELOPMENTAL DETAILS
12	Eボートの各部の説明 GENERAL DESCRIPTION
15	武装 ARMAMENT
18	Eボートの動力 POWERPLANT
19	塗装のパターン COLOUR SCHEMES
20	レーダー RADAR
21	Sボート部隊の組織 ORGANISATION OF THE S-BOOTWAFFE
22	作戦行動 OPERATIONAL USE
25	カラー・イラスト
47	カラー・イラスト　解説

◎著者紹介

ゴードン・ウィリアムソン
Gordon Williamson
1951年生まれ。現在はスコットランド土地登記所に勤務している。彼は7年間にわたり憲兵隊予備部隊に所属し、ドイツ第三帝国の勲章と受勲者についての著作をいくつか刊行し、雑誌記事も発表している。彼はオスプレイ社の第二次世界大戦に関する刊行物のいくつかの著作を担当している。

イアン・パルマー
Ian Palmer
3Dデザインの学校を卒業し、多くの出版物のイラストを担当してきた経験の高いデジタル・アーティスト。その範囲はジェームズ・ボンドのアストン・マーチンのモデリングから月面着陸の場面の再現にまでわたっている。彼と夫人は猫3匹と共にロンドンで暮らし、制作活動を続けている。

ドイツ海軍のEボート 1939-1945
German E-boats 1939-45

INTRODUCTION
第二次大戦に至るまで

　ドイツでは19世紀の末以前から、質が高くきわめて高速なモーターボートの建造が重ねられていた。オットー・リュルッセン社はこの分野で最も実力のある企業のひとつだった。1908年、この会社が建造した一隻のボートはダイムラー社製のエンジンを装備し、50ノット（93km/h）に達する速度を出した。しかし、この種のボートは高速を出すことだけを目的として建造され、戦闘に使用するためにはあまりにも脆弱だった。ドイツ帝国海軍の発注によって建造された初めての高速モーターボートは、全般的な魚雷の不足のために魚雷艇としての艤装は受けず、駆潜艇（U-Boot Zerstörer、UZと略記）として使用された。

　第一次世界大戦勃発より以前に、ドイツ海軍は遠隔操縦ボートの実験も試みた。これらの艇はFLボート（Fernlenkboot、遠隔操縦艇）という呼称があたえられ、艇の前部には高性能爆薬が詰め込まれ、遠隔操縦によって目標――最初に想定された目標はフランドル地方の沖合で行動している英国海軍の"モニター"艦*――に直接命中させる無人操縦艇だった。これと似たアイディアが第二次大戦中に取り上げられ、"リンゼ"（レンズ豆）モーターボートが建造され、Kleinkampfmittelverband（小型攻撃兵器戦闘部隊）によって使用された。これらの艇は前部に爆薬が搭載され、目標に向かってまっすぐの針路を取る。乗員は命中直前に海上に飛び込み、後に指揮艇によって救助されることになっていた。

　*訳注：モニター艦は6,000～8,000トンの低舷側、低吃水艦。戦艦の連装砲塔1基と

高速で航走しているEボートの典型的な姿をみごとに捉えた写真である。艇首は高く上がり、その下部から大きな波が噴き上がっている。単縦陣の隊列で走っているこの3隻は第1Sボート艇隊の所属であり、装甲艦橋を備えた大戦後期のS-100型の艇である。前甲板には20mm高角機関砲の砲身と装架の一部が見える。

Eボートの母艦カール・ペータース（2,900トン）。左舷に高速艇教育戦隊のSボート4隻が繋留されている。母艦自体、あまり大きな艦ではないが、それと並ぶと典型的なEボートがいかに小型であるかがはっきり見て取れる。教育戦隊の艇の艇首舷側にはアルファベット1文字の各艇のコードが描かれている。

射撃指揮装置を装備し、沿岸砲撃に使用された。

　最初に現れた本物のモニター魚雷艇は大戦末期の1917年に建造されたLボートであり、このクラスは後にLMボート（Luftschiffmotorenboot、飛行船発動機艇）と改称された。このように呼ばれたのは、ストックされていたツェッペリン飛行船のエンジンのギア比を変えて、これらの艇に装備したためである。このクラスの艇の建造で先頭に立ったのはフェゲザクのオットー・リュルッセン社だったが、ベルリン近郊、ツォイテンのナグロ社、ハンブルクのエルツ社、ヘメリンゲンのロラント社など、他の社がすぐに建造に参加してきた。最初の4隻、LM-1からLM-4までは3.7cm速射砲1門を装備していただけだった。LM-5からLM-20までは艇首に45cm魚雷発射管1基が装備され、補助火器として機銃1挺も装備された。LM-21からLM-33は計画されたが、竣工には至らなかった。

　第一次大戦の最終期に計画された8隻は、建造担当の建船所と装備エンジンのメーカーの名を組み合わせた呼称がつけられた。この方式によって、リュルッセンが建造し、ジーメンス／ドイツ社製エンジンを装備する2隻はLüsi 1～2、コルティング社製エンジン装備、ロラント社建造の2隻はKöro 1～2、ユンカース社製エンジン装備、エルツ社建造の4隻はJuno 1～4という艇番号になった。これらの艇の武装は艦首の魚雷発射管2基、20mm速射砲2門に強化されるように計画されていたが、いずれも完成には至らずに終わった。

　モーターボートから発展した高速魚雷艇は、主にバルト海と北海南部のフランドル沖合で使用された。敵の艦艇に対する攻撃で目立った成功を記録したことはなかったが、少なくともこれらの魚雷装備の小型艇がかなり大きな活動のポテンシャルを持っていることは明らかだった。

　第一次大戦後、ヴェルサイユ講和条約によって、ドイツは潜水艦保有を禁止され、水上艦艇の保有にも大幅な制限を受けた。ドイツ海軍は少数の"水雷艇"の保有を許されたが、これらは高速モーターボート製の魚雷艇ではなく、蒸気機関装備で速度は最大30ノット（56km/h）程度、排水量は900トン程度の小型駆逐艇だった。

　新生ドイツ海軍はドイツ帝国海軍の灰の中から立ち上がったが、規模は小さかった。太洋艦隊の大半はスカパ・フローで自沈し、潜水艦艦隊は全面的に解体されたので、大戦後にはまったく新しくスタートしたドイツ海軍（Reichsmarine）と、ナチ体制でそれを引き継いだドイツ海軍（Kriegsmarine）は、最新の技術を全面的に盛り込んだ新鋭の艦艇を次々に建造した。

　それにもかかわらず、ドイツ海軍は、兵力が最強のレベルに達した時でさえも、古くか

ら地位を築き上げ、数的な優位に立っている英国海軍を相手にして、対等に戦うことはとても望めなかった。ビスマルクやティルピッツのような水上艦の主力は、進水した当時には、どの敵対国の海軍の同じクラスの艦に対しても1対1の戦いでは優位に立つことができた。しかし、これらの艦が外洋に出撃した時には、数の上で優位に立つ敵と戦うことになるのは避けられなかった。そして、ビスマルクの例のように、栄光の時はすぐに消え、圧倒的な兵力の敵に敗れ去ることになった。

　そこで、強力な英国海軍に対抗する唯一の途は、魚雷攻撃用の小型艦艇を十分な数だけ建造することであると、多くのドイツ人が考えた。その結果、潜水艦の兵力としては排水量300〜360トンの小型のIIシリーズの艦が多数建造され、水上艦艇の分野ではこのコンセプトに基づいてモーターボート型の高速魚雷艇の開発が進められた。

　ここで再び、海洋戦闘でドイツが敵に大打撃をあたえる可能性が最も高い兵器として、小型艦艇（Uボートが大部分を占めたのだが）が前面に登場することになった。その中でEボートの兵力は比較的小規模だったが、戦闘行動では効果が明らかな実績をあげ、対コスト効果の面では第二次大戦中のドイツ海軍の様々な作戦部隊の中で最高の部類にランクされている。

　著者注：Eボートという呼び名はEnemy Boatという英単語から生まれた呼称であり、英米側では広く受け容れられている。この呼称はこの種の艦の正確な呼称、Sボート（ドイツ語のSchnellboot——高速艇の意——の略〕よりも一般的に知られているので、部隊名称の中などの場合のようにドイツ語の術語としてSボートという語が使われている場合を除いて、本書では全体にわたってEボートという呼び方を用いた。実際にはEボートとSボートはつねに置き換えることが可能な単語である。

　Uボートと同様に、Eボートの設計と開発はいくつかの商業的な"表看板"の影に隠れて、秘密裡に進められた。その中のひとつはベルリンのナヴァス有限会社という企業だった。この社を実際に動かしていたのは海軍士官、ローマン大佐であり、彼は海軍が表面に立たせた民間人を使い、半完成状態のLMボート数隻を買い取る"商業的取引"——実際には、この高速艇が連合軍の手に渡るのを防ぐことを目的としていた——を手配した人物である。トラヴェミュンダー・ヤハトハーフェン社のようなヨット造船企業やボートクラ

大戦中期の高前甲板型の艇。高速で走行し、艇の前部が水面より高く上がっているので、艇体下部に塗られた黒の汚れ防止塗料がはっきりとわかる。この型の基本的な形はその後の装甲艦橋型と同じであり、前甲板には埋め込まれた形の"タブ"型の銃座が設けられていることが共通点である。銃座の上縁に装備された20mm機関砲の砲身が甲板すれすれの高さに見えている。しかし、前甲板から後方は、操舵室の上にカバーのない艦橋が設けられている古い型式である。Eボートの塗装は薄いグレーであり、モノクロ写真では白に近く見える。

ブも設立された。トラヴェミュンダー社の表向きの活動は単なる民間スポーツ用舟艇建造だったが、バイアーレ海軍少佐の指揮の下に高速モーター魚雷艇開発を担当していた。

　1920年代の半ばには、このようにして建造された高速艇——武装なしの状態であったが——を何隻も使用し、高速で運動性の高い魚雷装備艇の戦術理論の有効性を実際に検証するために、大型水上艦との訓練が何度も秘密裡に実施された。そして、ドイツ海軍(ライヒスマリーネ)はこの種の高速艇の発達可能性を認識した。そこで再びリュルッセン社が大きな役割を担うことになり、ブレーメンのアベキング・ウント・ラスムッセン社とトラヴェミュンデのカスパーヴェルフト社も参加した。本当の用途を隠すためにこの種の艇はUZ（u）——U-Boot Zerstörer（Schnell）、高速駆潜艇の意——という略号呼称をあたえられ、開発が進められた。

　理想的な魚雷装備高速モーターボートの設計を完成するために設計担当者が頭脳を絞った重要な問題のひとつは、主兵器である魚雷をどのような方式で発射するかだった。いくつも考えられた魚雷発射の方式の中で、次の3つの主要なものが検討の対象とされた。

艇首発射——魚雷発射管を艇首に装備し、魚雷の頭部を目標に向けて発射する方式：これは実際に標準的な発射方式となり、現在ではこれが当然のことと思われているが、この時にはいささか奇妙な方式も考えられた。

艇尾発射——魚雷の尾部を発射方向に向けた発射：艇尾に後方向きに装備した発射管から、尾部を先にして魚雷を後方に発射する（魚雷の頭部は艇首と同じく目標の方向に向いている）。発射後、目標に向かって前方への航走に移る魚雷を避けるために、艇はただちに右か左へ急激に舵を切らなければならず、危険が高そうな方式だった。

艇尾発射——魚雷の頭部を発射方向に向けた発射：艇は目標に接近した後、180度旋回して艇尾を目標に向け、離脱に移ってから艇尾の発射管から頭部を発射方向に向けた魚雷を発射する。この方式には利点もあり、実際にきわめて小型のEボートはこの方式で戦った。

　当然のことながら、選ばれたのは艦首に発射管を装備する方式だった。

　1930年にドイツ海軍が正式に発注した排水量52トンのUZ（s）-16（その後、S-1と改称された）の建造に当たったのは、やはり経験が高いリュルッセン社だった。この艇は完成後間もなく、多数のテストで高い能力を発揮し、将来のEボート発達の基礎型となった。

機関室でディーゼルエンジンに取り組んでいる"チーフ"（目庇つきの帽子を被っている）と機関科員。黒い革製の防護服を着て、救命胴衣も身につけている。この防護服はUボートの乗組員も着用し、多くの水上艦艇でも機関科員が着用していた。

Eボートの基本的なデザインは、その後の発達の全過程にわたってほとんど変化しなかった。全体で13の型があるが、これは大体、初期、中期、大戦後期の3つのカテゴリーに区分することができる。個々の型の変化の多くは細かいものであり、いくつもの型の写真を丹念に比較してみても、すぐには見分けられない。

DEVELOPMENTAL DETAILS
各型の詳細

大戦初期の低前甲板型
Early-war low forecastle types

S-1

本物のEボートの最初の1隻。初めのうちの呼称はUZ（S）-16だった。リュルッセン社によって建造され、排水量は52トン、全長26.9m、全幅4.37mである。動力はダイムラー・ベンツV12ディーゼルエンジン（800馬力）3基であり、低速で機動する時に中央スクリュー・シャフトに連結するマイバッハエンジン（100馬力）1基も装備されていた。S-1の最高速度は34ノット（63km/h）、乗組員は12名だった。1930年8月に就役し、1936年12月までテストに使用された後、1938年にスペインに売却された。

S-2〜S-5

この4隻はドイツ海軍の最初の実戦用Eボートであり、1932年にリュルッセン社で建造された。S-1よりわずかに大きく、全長27.9m、全幅4.5m、排水量は58トンである。動力はS-1と同じく、ダイムラー・ベンツV12ディーゼルエンジン（800馬力）3基と、機動のために中央シャフトに連結する補助用のマイバッハ・エンジン（100馬力）1基であり、最高速度は32ノット（59km/h）だった。このクラスの燃料搭載量は7,500リッターであり、最高速度航走の場合の航続距離は350浬（カイリ）（648km）、7ノット（13km/h）の経済速度の場合、航続距離は2,000浬（3704km）まで延びた。

これらの艇は木造であり、竜骨（キール）と肋材（フレーム）には樫材（オーク）が用いられ、艇体は8つの水密区画で構成されていた。主武装は艇首甲板の両舷側に沿って装備した50cm魚雷発射管2基と魚雷4本であり、補助武装として20mm機関砲1門と7.92mm機銃1挺が艇の後部に装備されていた。乗組員の数はS-1と同じく12名だった。

S-2からS-5までの4隻によって第1Sボート艇隊の半分が編成された。しかし、1936年の末にはこの型は時代遅れになったと判断され、S-1と共にスペインに売却された。

S-6

幸いなことに1隻建造されただけだったこの型の艦は、排水量は85トン、全長は32.4m、全幅は5.1mである。この型はMAN社（Maschinenfabrik Augsburg-Nürnberg、アウグスブルク＝ニュルンベルク機械製造会社）製の軽

いささか霞んだような画面だが、興味深い映像である。このEボートは初期の高前甲板型であり、操舵室の上の艦橋はカバーのないタイプである。艦橋の上には方位測定器の丸いアンテナが見える。そして、艇首から巻き上がる巨大な白波は、いつものことながら印象的である。

重量のL7 2ストローク・ディーゼル機関を3基（合計出力3,960馬力）装備し、これが弱点となった。信頼性と性能の上で、このエンジンはまったくの失敗作であり、様々な問題が商品カタログと同様に山のように並んだ。速度は35ノット（65km/h）。艦艇の基本は信頼性であり、S-6はドイツ海軍にとってほとんど何の訳にも立たず、S-1からS-5と一緒にスペインに売却された。

デザインが違う2種類のSボート実戦参加バッジ。1943年に新しいバッジに切り換えられた時、その機会を利用して、バッジに鋳込む様式化されたSボートの形を、新型艇をモデルにしたものに変えたのである。左側のやや小さいバッジに示された艇はキャビン型の操舵室、舷側には舷窓がついている初期の高前甲板型である。一方、右側の新しいデザインのバッジに示された艇は艦橋が流線型になり、舷窓がなくなっていちだんとスマートなスタイルになった新型艇である。

S-7〜S-13

　将来、フランスとの戦争の可能性があると考えたドイツ海軍は、フランスの港湾に対する作戦行動の能力を新型のEボートの要求仕様に組み入れた。それは行動半径の拡大である。既存の艇の航続距離を延ばすために燃料搭載量を増やせば、機関の出力単位当たりの重量が増大するマイナスが生じる。この問題に対応しようとした新たなデザイン、S-7クラスは排水量86トン、全長32.4m、全幅5.1mだった。この型のうちの3隻、S-7からS-9まではMAN社製のディーゼルエンジン3基（合計出力3,960馬力）が装備され、それ以降のS-10からS-13はもっと信頼性が高いダイムラー・ベンツ社製のエンジンを装備された。速度は35ノット（65km/h）。

S-14〜S-17

　このクラスの4隻は再び前のクラスより大きくなり、全長は34.6m、全幅は5.3mである。排水量はS-14とS-15が93トン、S-16とS-17は100トンとなった。建造時期は1936〜38年である。乗組員も18名に増した。動力にはMAN社製の11気筒2行程サイクル・ディーゼルエンジン機関3基（合計出力6,150馬力）が装備されたが、これも再び信頼性は不十分であることが明らかになった。速度は37.5ノット（69.5km/h）に増大した。海軍はMAN社のエンジンの信頼性の低さに腹を立て、これ以降、この社のエンジンをEボートに装備しないと決定した。MAN社のディーゼルエンジンはUボート部隊では広く使用されたが、その一方でEボートでの使用実績は不満足だった。その逆に、Eボート用の高性能エンジンがUボートに装備された例（U-180がその一例）では、使用実績は不満足だった。これは興味深い現象である。

S-18〜S-25

　1938〜39年に建造されたこのグループの艇の仕様はS-14とほぼ同じだが、エンジンは信頼性がはるかに高いダイムラー・ベンツMB501 4行程サイクルディーゼル3基（合計出力6,000馬力）が装備された。速度は39.5ノット（73.1km/h）。

大戦中期までの高前甲板型
Mid-war high forcastle types

S-26〜S-29、S-38〜S-53、S-62〜S-99、S-101〜S-135、S-137〜S-138

　このクラスの最初の1隻、S-26も含めて、全体のだいたい三分の二はリュルッセン社によって建造された。排水量は112トン、全長は34.9m、全幅は5.9mである。動力は20気筒のダイムラー・ベンツMB501ディーゼル3基（合計出力6,000馬力）が装備され、速度は39.5ノット（73.1km/h）だった。乗組員は24名。1940〜43年にかけて建造された。

S-30～S-37、S-54～S-61

　このクラスはS-26のクラスよりやや小さく、排水量は100トン、全長は32.8m、全幅は5.1mである。1939～41年にリュルッセン社で建造された。サイズを小さくした理由は、輸出用に製造された16気筒のダイムラー・ベンツMB502ディーゼル（3基の合計出力3,960馬力）が装備されたためであり、速度は36ノット（67km/h）だった。乗組員は24名。

大戦中期以降の装甲艦橋型(ブリッジ)
Late-war armoured bridge types

S-139～S-150、S-167～S-169、S-171～S-227、S-229～S-260

　このクラスの外観はS-26型とほとんど同じだが、実際には全長が1m長く、エンジンは過給器つきのダイムラー・ベンツMB511（3基の合計出力7,500馬力）が装備され、速度は42ノット（78km/h）だった。艦橋が新しいデザインになったため、艇の側面型が低い感じになった。装甲艦橋はS-26クラスのS-67以降の艇ではだんだんに導入され始めたが、S-139クラスとS-170クラスは全部の艇がこの型の艦橋になった。1943年以降に建造され、S-229～S-260は未完成のままで終わった。

S-170、S-228、S-301～S-425、S-701～S-825

　S-170クラスはEボートの中で最も大型だった。排水量は12トン、全長は35m、全幅は5.3mである。エンジンは過給機つきMB511（3基合計出力7,500馬力）で、速度は42ノット（78km/h）である。S-170とS-301クラスはいちだんと強力なエンジン（3基合計出力9,000馬力）を装備し、45ノット（83km/h）の速度を出した。膨大な隻数の建造が計画されたが、S-301クラスではS-307までだけが完成し、S-701クラスで完成したのはS-709までであり、両クラスともそれ以降の艇は建造途中から建造未着手までの様々な段階で敗戦を迎えた。

　Eボートの乗組員は戦闘出撃を3回重ねるとEボート実戦参加バッジ（Schnellboots-kriegsabzeichen）を授与された。この種の記念章の中で、このバッジにはユニークな興味深い話がある。Eボート建造技術の進歩によって生まれた新型の艇のスタイルを反映するために、バッジが新しいデザインに変えられたのである。1941年5月に制定された最初のバッジに浮き彫りにされていたEボートは、高さが比較的高いキャビン型艦橋がついている初期の高前甲板型だった。1943年にはバッジが更新され、第2Sボート戦隊司令、ルードルフ・ペーターセン大佐がデザインに協力した。その結果、新バッジのテーマになったのは装甲艦橋が取りつけられたスリムな新型艇であり、Eボートの高速の印象がいっそう高められた。

2隻並んで航走する初期の高前甲板型のSボート。速度は比較的低いようである。艇首は海面から浮き上がってはいないが、艇尾には3軸のスクリューによる白い波がかなり盛り上がっている。この2隻はキャビン型の操舵室の上にカバーなしの艦橋が置かれているタイプである。

外国海軍から接収した艇
Miscellaneous

S-501〜S-507、S-510、S-512〜S-513

　1943年7月、イタリアのムッソリーニ政権が倒れた時に、ドイツ海軍が接収したイタリア海軍の魚雷艇。排水量29.4トン、全長18.7m、全幅4.7mの小型艇である。ガソリンエンジン2基（合計出力2,300馬力）とスクリューシャフト2本で最高速度44ノット（81km/h）を出した。武装は45cm魚雷発射管2基、20mmブレダ機関砲1門。乗組員13名。

S-601〜S-604

　元ユーゴスラヴィア海軍の艇であり、イタリア海軍の手に移っていたものをドイツ海軍が接収した。排水量は61トン、全長は28m、全幅は4.5mであり、ドイツ製のEボートに近い大きさだった。ドイツの艇と同じくスクリューは3基だが、機関はディーゼルではなくガソリンエンジン3基（合計出力3,300馬力）であり、低速時の機動用の補助エンジン1基（100馬力）も装備していた。武装は55cm魚雷発射管2基と40mm高角機関砲1門である。

S-612〜S-630

　これもイタリア海軍から接収した艇である。排水量は70トン、全長は28m、全幅は4.3m。ガソリンエンジン2基（合計出力3,450馬力）、スクリュー2基、速度31ノット（57km/h）。武装は53.3cm魚雷発射管2基、20mmブレダ機関砲2門。

小型艇
Smaller boats

　大型で強力なSボートのいくつものクラスと並んで、もっと小型の艇も建造された。

LSボート

　このクラスの魚雷艇は大型艇に載せられ移動し、発進する方式の艇として計画された（Ⅲ型潜水艦にLS艇2隻を搭載する提案もあったが、採用されなかった）。少数の艇が数隻の特設巡洋艦に配備された。合計34隻の建造が提案されたが、実際に建造されたのは15隻のみだった。その大半はエーゲ海の第21Sボート戦隊に配備された。

　排水量は13トン、全長と全幅は12.5mと3.5mに過ぎない小型艇だった。動力はダイムラー・ベンツMB507ディーゼル2基（合計出力1,700馬力）、乗組員は7名である。武装は45cm魚雷発射管2基と20mm機関砲1門だった。全部の艇が魚雷艇として竣工したのではなく、一部は魚雷敷設艇として艤装された。

KMボート

　排水量は18トン、全長は

乗組員数名が力を合わせて繋留索を引き、乗艇を埠頭に横付けしようとしている。この写真には、甲板の手摺沿いに張られた遮浪キャンバスがはっきり写っている。これは後甲板に波が大量に上がってくるのを防ぐための仕組みである。

2隻のEボートの後甲板が写っている興味深い写真である。左側の艇は遮浪キャンバスが張られ、右側の艇ではそれが取り外されている。実際には、右側の艇は後甲板の装備や搭載物を取り下ろした状態であるようだ。艇後部の37mm高角機関砲も取り外されている。この艇の後部ハッチが開かれ、梯子がかけられていることに注目されたい。このハッチから降りていくと、艇内の水兵の居住区とギャレー（調理場）の区画に入る。

15.6m、全幅は3.5m。BMWガソリンエンジン2基を装備し、30ノット（56km/h）前後の最高速度を出した。2つの型があり、機雷敷設艇型は機雷4基を搭載し、魚雷艇型は魚雷発射管2基を装備して、いずれも補助武装として7.92mm機銃1挺を装備していた。この艇は全体で36隻が建造された。

その他のコンセプトの艇
Other concepts

　すべてのEボートの型に共通だったのは、常にいっそう高い速度を追求して新型が次々に造られたことだった。このためには軽重量の材料を使うことが最優先の命題であり、装甲防御を無視することは不可避だった。その結果、Eボートの武装は連合軍側の同じ種類の艇の大部分より強力だったが、連合軍側の同種の艇と同様に敵の防御砲火に対しては脆弱だった。敵に発見され射撃を受けることから身を守るために、Eボートはほぼ全面的に自艇の高速度を頼りにしていた。大戦の後期にEボートは艦橋附近にある程度の装甲防御が装着されたが、艇体自体は小口径銃弾より大きい弾丸に対して脆弱だった。

　全体にわたって防御装甲が装着された型のEボートも提案された。この型は標準的なEボートとほぼ同じサイズであり、全長は約35m、全幅は5.4m、排水量は110トン、最大速度は40ノット（74km/h）を超える見込みだった。武装は20mm機関砲3門と、艇前部に2基と後部に2基という珍しい配置の魚雷発射管4基が計画されていた。しかし、このプロジェクトは計画より先には進まずに終わった。

　ドイツ海軍はかなりの数の機雷掃海任務のモーターボートを保有していた。Räumboot（掃海艇）*、またはRボートと呼ばれていた艇である。これらの艇の大きさは排水量60トンから160トンまで様々であり、速度はEボートより低く、17ノット（31km/h）から24ノット（44km/h）にわたっていた。武装は20mm機関砲1〜2門から最大で37mm機関砲1門まで様々だった。これらの艇は沿岸航行船舶や船団の護衛任務にも当たった。

　*訳注：ドイツ海軍の機雷掃海任務の艦艇としてはRボートより数段大型、排水量540トンから870トンまでの214隻があり、M1からM806にわたる艦番号がつけられていた。

これらの艦は日本海軍の同種の艦の呼称に準じて"掃海艇"という訳語で呼ばれることが多いが、Rボートのクラスとはまったく別の種類である。

高速のEボートと速度がやや低めのRボートとのハイブリッド艇を建造する計画もあった。Mehrzweckboot（多用途艇）、MZボートと呼ばれ、艇前部には37mm機関砲2門、艦橋の上のキューポラに20mm機関砲1門、機関室の上の甲板には20mm高角機関砲四連装砲架を装備する重武装が計画されていた。しかし、この計画も全面的に具体化されるまでには進まなかった。資材不足の状況下で、この計画を進めれば、標準型Rボートの建造に悪影響をあたえると懸念されたためである。

救命胴衣を身につけた乗組員が艇に搭載された爆雷を点検している。爆雷は通常、艇尾の2本のラックに3基ずつ搭載されていた。

GENERAL DESCRIPTION
Eボートの各部の説明

艇体
Hull

Eボートは発達の過程でいくつもの型が生まれるのにつれて、外観の上では多くの相違点が現れたが、艇の全体的な構造は概ね同じだった。一般的にいって、最も小型の艇は木材構造であり、Eボートのような中型サイズの艇は木材・金属混合構造であり、大型の艇は全体が金属構造だった。

Eボートの艇体は木材・金属構造であり、竜骨、縦通材、甲板梁材には木材、肋材と斜め補強材には軽金属が用いられた。甲板の上部構造物も軽合金によって作られていた。バルクヘッドは水線下の部分が厚さ4mmの鋼材であり、それより上にはやや薄い軽合金が用いられた。

艇体の内部

艇体の内部の最前部は乗組員用の便所と浴室に当てられていた。後方に進んでいくと、最初のバルクヘッドを通った先、次の区画は下士官の居住区であり、5人分の寝棚と先任下士官の小部屋があった。次のバルクヘッドの先は、左舷側に無線通信室、右舷側に艇長のキャビンがあった。その後方、次の区画には大きい燃料タンク2基が中央通路の

艦橋に立っている下士官（彼の襟のまわりの金モールがその身分を示している）。初期の艇の操舵室の上に設けられた屋根のない艦橋であり、彼の毛皮の帽子から考えて、冬の作戦行動の際に撮影されたのだろう。

左右に配置されていた。2基の燃料の容量は最大6,000リッターだった。

中部にエンジンを配置した型の艇では、中央区画の中央通路の左右にディーゼルエンジンが装備され、各々左右1本のスクリュー・シャフトを駆動した。その後方の区画では中央のシャフトを駆動するエンジンが区画の中心線上に装備され、通路はその左右を通っていた。

その後方の区画には燃料タンクが左右1基ずつ配置され、ディーゼル燃料約8,000リッターが搭載された。その後方、最後部のひとつ手前のコンパートメントは水兵の居住区であり、最大15人分の寝棚が設けられていた。艇の弾薬庫もこの区画にあった。そして、最後部の区画にも燃料タンク2基が配置され、容量は最大4,000リッターだった。

Eボートの3種の型式とその装備

Eボートにはいくつもの型があるが、そのほぼ全部は3種の基本的な型式に分類することができる。それは前甲板が低い初期型、前甲板が高くなった大戦中期までの型、前甲板が高く装甲艦橋を持った大戦後期型の3種である。

低前甲板型

この型の特徴は低い前甲板と、その上に露出して装備された2基の魚雷発射管である。発射管は艦橋の前の鋼板バルクヘッドに開けられた穴を通って前方に長く延び、左右の発射管の間、小さい防波板のすぐ前には旋回機銃1挺の台架が装備されていた。艇の膨張式救命ディンギーは通常、防波板の後方に収納され、発射管によってある程度は敵の銃弾から防護されていた。

バルクヘッドの後方にはキャビンのような艦橋／操舵室があり、その後ろにはマストが立っていた。魚雷発射管の尾部のすぐ後方の甲板上には特別な台架があり、左右各1本の予備魚雷がそれに載せられていた。艇の中部、エンジン区画の上の甲板上にはあまり高くない上部構造物があり、その上部には通風装置や明かり取りが適当に配置されていた。

上部構造物の後部には、周囲にガードレールを張った円盤形のプラットフォームが取りつけられており、そこにC/30またはC/38型20mm高角機関砲1門の旋回砲架が装備されていた。上甲板の最後部には爆雷投下装置2基を装備することができたが、この装備の例はあまり多くはなかった。

高前甲板型

波の荒い海面でのEボートの掃艇特性を改善しようとする試みとして、前甲板が高くされ、その結果、魚雷発射管は前甲板の内側に収納される状態になった。初期の高前甲板型には通常、機関砲を装備する柱脚——実際には機銃が装備されることは少なかったと思われるが——が取りつけられていたが、これを除いては初期の艇の前甲板に障害物はなかった。膨張式の救命ディンギーは艇の中部に移され、発射管が消えた後の前甲板は何もない状態だった。高前甲板型の初期の艇の側面形は、艦橋のすぐ前の舷側の線に特徴的なカーブがついているので、すぐに識別できる。

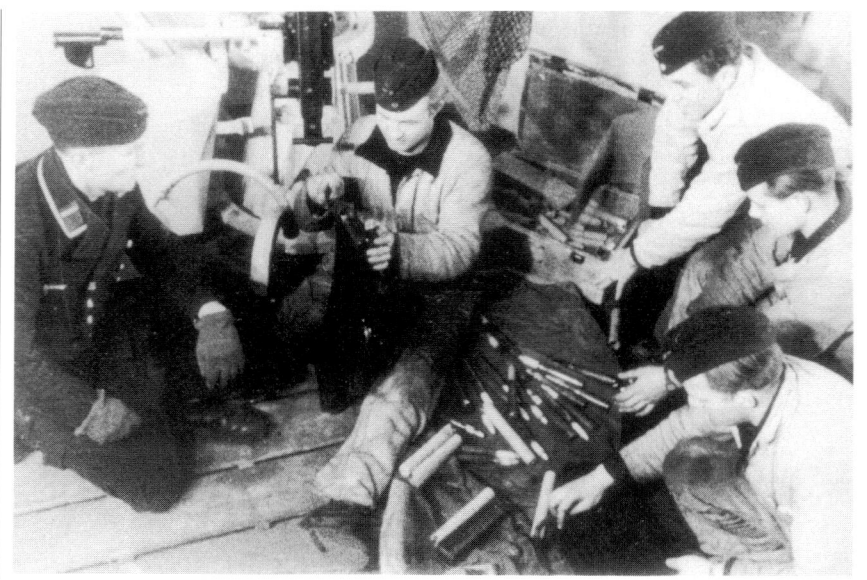

下士官に注意深く見守られ、同僚のいく人かの手助けを受けながら、ひとりの水兵が20mm高角機関砲の弾倉グリップに砲弾を装填している。機関砲の砲尾がこの水兵の右の肩のすぐ横に見える。彼の左足の横のキャンバスの上には砲弾がたくさん積まれている。

　これらの艇の艦橋／操舵室はまだ装甲防御がなく、高さがかなり目立つ形だった。その後方には艇中部の上部構造物が長く伸び、その最も前の部分の上面に膨張式救命ディンギーが搭載されていた。上面の全体にわたって、弾薬ロッカーがいくつも取りつけられていた。上部構造物の後端のすぐ後方には重対空機関砲──40mmボフォース、37mm高角機関砲、または20mm四連装高角機関砲──を備えた頑丈な架台が装備されていた。この対空砲のすぐ後方には小さい後部上部構造物があり、その上面には居住区に降りていくためのハッチがあり、弾薬ロッカーと煙幕発生装置も取りつけられていた。甲板の最後部には爆雷3基を並べた架台2基が装備される例が多かった。
　この型の艇の外観は、前甲板が高くなり、発射管がその下に収納された点を除いては、それ以前の低前甲板型とあまり変わってなかった。

後期の高前甲板型

　後期の高前甲板型の外観には目立った変化があった。以前の型の前甲板の銃座は何の防御装備もない機銃装備の柱脚が取りつけられているだけだったが、後期型では甲板の面から下に円筒型の銃座、"浴槽"がはめ込まれ、銃手たちは有効な防御カバーの下で戦うようになった。この銃座に主に装備されたのは以前の型の艇のような機銃ではなく、単装の20mm機関砲だった。艇中部の上部構造物の後端、機関室の上に当たる位置には通常、20mm連装高角機関砲が装備され、艇後部の上構の前端にも重高角機関砲が装備された。後期型の艇の相違が最も目立つのは艦橋である。以前の型の艦橋／操舵室は箱のように全体が囲われた構造だったが、この型では操舵室の上に屋根のない艦橋が設けられ、この部分がある程度高くなった。

高前甲板・装甲艦橋型

　艇長と操舵室に配備された乗組員の防護を強化するために、大戦後期のEボートには通称"頭布"型の装甲艦橋が装備された（それ以前の艇の一部でも、艦橋がこの型に改造された）。この型の艦橋は後上方に傾斜した9枚の鋼板パネルが半円形に並んだ形になり、シルエットは低めになった。前部の3枚のパネルの窓には鋼板フラップ（外を見るた

めのスリットがついている）が取りつけられていて、戦闘の際には閉じるようになっていた。前甲板は平らであり、以前の型のような艦橋のすぐ前の反り返りはなかった。前甲板の"タブ"型銃座（防盾が取りつけられている例もあった）の上縁は艇首舷側の魚雷発射管の先端の扉と同じ高さであり、銃座には20mm高角機関砲1門が甲板より少し高い位置に装備されていた。

　艦橋の後方には艇中部の上部構造物が続き、その艇首寄りの部分の上面には艇の羅針儀架台が装備され、膨張式救命ディンギーも置かれていた。その中央のあたりには円盤形のプラットフォームが設置されていて、そこに20mm四連装高角機関砲と装甲防盾が装備されていた（37mm高角機関砲1門、または40mmボフォース1門を装備した艇もあった）。艇後部の上部構造物の上には艇内に入るハッチがあり、いくつもの弾薬ロッカーと煙幕ポッドが配置されていた。他の型と同じく、艇尾には爆雷3基を収めた爆雷架が装備される例も多かった。

ARMAMENT
武装

艇後部の20mm高角機関砲の射撃訓練。単装機関砲を装備したこの柱脚砲架の型式から考えて、これは初期型の艇であるようだ。後期の艇の後部には37mmか40mm高角機関砲と火力補強のための20mm連装高角機関砲が装備されていた。機関砲の後部に取りつけられている網の籠は、排出された薬莢を回収する用具である。回収された薬莢は再利用にまわされた。

　Eボートの基本的な武装は前方に向けた前甲板の7.92mm機銃1挺と、艇首の魚雷発射管2基（予備魚雷2本が搭載されていた）である。後甲板には高角機関砲1門——最初は20mmだったが、だんだんに強力な砲に変わっていった——が装備され、追加的な兵装として爆雷を搭載していた艇もあった。

機関銃

　Eボートに装備された基本的な機関銃は7.92mmのMG38であり、ベルト給弾と弾倉給弾のいずれも可能だった。それ以前の型、MG08とMG15も広く使用された。両者とも優れた機銃であり、ドイツ陸軍が広く使用していた。MG38は有効射程2,000m、発射速度は毎分900発であり、MG42の発射速度は毎分1,550発に達した。これだけの性能を持った機銃の破壊力は強烈だった。しかし、マイナス面を見ると、陸軍がすでに痛感していた通り、これだけの高い発射速度を持つ火器を十分に活動させるためには、大量の弾薬補給を維持することが必要だった。歩兵など地上部隊にとっては、重い弾薬コンテナを携行することは大きな問題だったが、艦艇の乗組員にとってはその問題はほとんどなかった。

　初期の低前甲板型の艇では、前部機銃を装備したシ

後部20mm機関砲の実弾発射訓練。砲口炎がはっきりと写っている。砲員たちがヘルメットを被っているが、これはおそらく演習の時だけだろう。彼らの後方の下士官も、本当に艇が敵機に襲われている時には、このように気軽な姿勢ではいられないはずである。

ンプルな柱脚1基が前甲板の中心線上、両舷の魚雷発射管の間に据えつけられていた。発射管は側方からの敵の銃火に対してはある程度、機銃手の防護の役に立ったが、前方からの銃火に対しては機銃手はまったく防護なしの状態だった。後期の高前甲板型の艇では、前甲板上の魚雷発射管はなくなったが、銃座は甲板から下に埋め込まれた"タブ"型になっていたので、機銃手は全周からの銃火に対して防護されていた。

後期の艇の多くでは、前方への射撃の打撃力を高めるために、前部銃座の装備が機銃から20mm MG C/38機関砲に換装された。しかし、前方への射撃は制約を受ける場合が少なくなかった。艇が高速で航走すると、艇首が水面から高く浮き上がる姿勢になり、前方の海面への機銃手の視野がまったくさえぎられてしまうからである。

換装のために取り外された機銃は多くの場合、そのまま艇に残され、必要な時に様々な銃架に取りつけられて使用された。

対空機関砲

初期の艇では、艇中部の機関室の上に円形のプラットフォームが設置され、そこに据えつけられた柱脚の上に20mm MG C/30高角機関砲1門が装備されていた。これは大戦初期のUボートの大半に装備されていた砲と同じ型である。そして、この砲の発射速度は誰もが驚くほどに低かったので、Uボートの場合と同様に、早い時期に改良型のMG C/38に換装された。この新型砲は弾倉給弾方式であり、発射速度は毎分240発程度、射程は12,000m以上だった。

前に述べた通り、後期の艇では前甲板の機銃も20mm MG C/38に換装された。そして、それに続いて、艇後部のプラットフォームに20mm連装機関砲1基が装備された。しかし、これだけの火力増強があっても、艇の指揮官たちはまだ不十分だと考えた。その結果、第2、第4、第5、第6の4個Sボート艇隊の中で選ばれた少数の艇には、20mm高角機関砲の装備の上に戦利品の40mmボフォース機関砲1門が追加された。1944年の末近くまでには銃砲装備は標準化され、艇前部に20mm C/38 1基、中部に20mm連装高角機関砲2基、後部に40mmまたは37mm高角機関砲1基となった。一部の艇では、艇の後部に20mm四連装高角機関砲が装備され、これらの艇は20mm機関砲合計10門という強力な対空武装を持つことになった。これは紙に書かれたものとしては印象的だが、

20mm機関砲弾の貫通力はあまり高くはなく、ドイツ人の間でもこの兵器は侮蔑的に"ドアノッカー"と呼ばれるありさまだった。

どれほど強力な対空兵器を装備しても、Eボートが敵機との戦闘で優位に立つことはきわめて稀だった。Eボートは軽量で高速ではあったが、艇自体を安定的な機関砲発射プラットフォームと考えることはできなかった。大戦中のEボートのクローズアップ写真の中には、艇体にいくつものパッチを当てた姿が写っているものが多い。いずれも小火器銃弾や弾片を多数浴びた損傷の修理の跡である。

魚雷

Eボートの主要な武器は魚雷である。すべてのEボートは艦首に魚雷発射管2基が装備され、そのすぐ後方の甲板上の架台には予備魚雷が1本ずつ配備され、すばやく次発を装填できる態勢が整えられていた。装備されていた標準的な魚雷は口径53.3cmのG7aである。全長約7.2m、重量1,530kgのこの魚雷は蒸気駆動方式だった。スクリューは1基であり、44ノット（81km/h）の最大速度による航続距離は6,000mである。30ノット（56km/h）の最適経済速度では航続距離は14,400mにまで延びた。魚雷の頭部には弾頭――典型的な例は280kgの混合爆弾（トリニトロトルエン、ヘキサニトロフェニラミン、粉末アルミニウム）が充填されたものだった――が装備されていた。弾頭の起爆装置には小さいプロペラが取りつけられていた。このプロペラはタイミング調整の機能を持ち、魚雷の水中航走と共に回転し、起爆装置に充電する機構になっていた。魚雷を発射した艇を事故によって損傷させることを防ぐために、起爆装置は発射後、30m走行するまでは全面作動しないようにされていた。G7a魚雷の起爆装置は魚雷が実際に目標に接触した時に作動するタイプだった。

魚雷の全長の半分ほどを占めていたのは圧縮空気のシリンダーだった。その後方には燃料タンクと燃焼室があった。燃焼室の中では燃料と空気の混合体が点火され、そこで発生する高圧によって小型の4気筒エンジンが作動し、それによって魚雷のスクリュー軸が駆動された。スクリューのシャフトは中空構造になっており、それを通ってエンジン排気が排出された。魚雷にはジャイロスコープが装備され、これによって方向舵を調整して針路を維持し、深度計によって潜行を調整して航行深度を設定通りに維持した。魚雷は20,000マルクを超えるきわめて高価な兵器であり、きわめて鋭敏な装置を内蔵しているので取り扱いには十分な注意が必要だった。幸いなことに、水上艦艇であるEボートでの魚雷の取り扱いと発射では、Uボートでの水中発射の場合と同じほどのレベルの技術的な問題に悩まされることはなかった。

UボートがG7aを使用した場合には、排気の気泡によって海面に目立っ

機関科の技術兵が艇のディーゼルエンジンの計器を真剣な表情でモニターしている。もちろん、大型艦の標準から見ればEボートの機関室は窮屈だが、Uボートの機関室に比べれば明らかに余裕があった。

た航跡が現れることが問題だった。注意深い見張り員は航路を遡って目で追ってみて、その魚雷を発射した潜水艦の位置を推測することができるからである。しかし、水上艦艇にとっては、自艦が発射した魚雷の航跡はほとんど何の意味もなかった。

　もっと技術的に進歩した電気動力のG7eはUボートでは広く使用されたが、Eボートに配備されることはなかった。同じく新技術による長距離魚雷、T3dがあった。281kgの弾頭を装備し、9ノット（17km/h）の低い速度による最大航続力は57,000mに達した。あまり数は多くなかったが、Eボートの艇隊はこの魚雷を連合軍のノルマンディ橋頭堡沖の船舶群に対する攻撃に使用した。Eボートが危険外の距離から発射したこの魚雷は、目標区画に到達するまで直進し、その区画に入ると、そこにいるはずの敵船舶に命中することが期待される旋回コースに移った。Eボート艇隊は目標自動追跡魚雷、T5も使用したが、目立った戦果をあげることはなかった。

機雷

　Eボートのもうひとつの重要な兵器は機雷である。使用された機雷の大部分はRMA型とRMB型であり、鹵獲したソ連製のMO8機雷も使用された。Uボートが装備している魚雷発射管から射出される方式のTMB機雷は、Eボートでも有効に使用された。音響作動型はLMB、磁気作動型はLMFと呼ばれた。Eボートによる撃沈戦果のうち、かなり多くの部分は機雷による戦果だった。

POWERPLANT
Eボートの動力

　初期のEボートにはMAN社が製造した新型試作ディーゼルエンジンが装備された。L7 Zn 19/30と呼ばれるこの2ストローク・直列7気筒エンジンの出力は、1,000rpmで1,200馬力だった。しかし、この新型エンジンは個々の部分に容易にアクセスできるために、艇内に据えつけられたままの状態で修理することができるという利点があったが、信頼性が不十分だった。

　MAN社はそれに続いて、もっと大型の11気筒エンジン、Zn 19/301も開発したが、温度過上昇と過度の震動発生の問題があり、信頼性は前の型よりもっと低かった。そして結局、MAN社製エンジンを装備したEボートは1938年に完成したS-17で打ち切られた。第一次大戦中のUボート用のエンジンの中でMAN社の2ストロークエンジンの信頼性は競合他社の製品よりはるかに高かった。その実績が

機関科の乗組員がディーゼルエンジンの整備作業に当たっている。本体からピストン1基を取り外しての作業であり、"チーフ"（中央の人物、下士官）が損傷した箇所を指示している。大きな修理の場合は、エンジンを艇から取り外すことが必要だった。

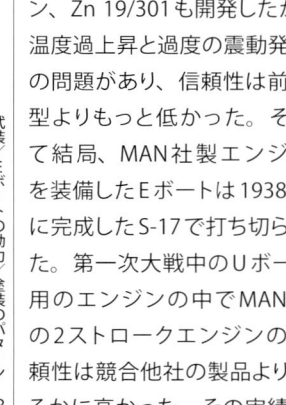

あったのだが、戦間期に力を傾けたEボート装備用のディーゼルエンジンの開発がみじめな失敗に終わったのは、皮肉なことである。

　MAN社デザインのエンジンに替わるものとして、ダイムラー・ベンツ社もディーゼルエンジンを製造していた。同社のMB502は4ストローク、V型16気筒であり、出力はZn 19/30と同じ1,200馬力だったが、回転数は高く、1,550rpmだった。このエンジンはMAN社のデザインより信頼性の上で優れていたが、マイナスの面もあった。おおがかりな修理の場合、エンジンを艇から取り外し、修理工場まで輸送して行くことが必要だったのである。そのためには艇の上部構造物や甲板の一部を取り外さねばならず、大きな作業量と時間を費やす作業になった。

　その後、ダイムラー・ベンツ社は出力2,000馬力、20気筒の大型エンジン、MB501を開発したが、十分な速さで生産を進めることができず、そのため多くの艇が小型のMB502を装備して建造された。MB501を装備した艇は、サイズの大きいエンジンを収容するために、艇体がわずかながら延長された。MB501とMB502のいずれも過給機装備型が生産され、MB511、MB522という型式番号があたえられた。

COLOUR SCHEMES

塗装のパターン

艦橋から見下ろしたEボートの後部。上部構造物、機関室の上の部分にゴム製のディンギーが搭載されている。上構のこの部分のハッチは通風を良くするために開かれた状態になっている。艇の後部の武装は20mm単装機関砲のようであり、その横に細い銃身が1本見える。

大半のEボートに適用された基本的な塗装のパターンは、艇体、上部構造物、艦橋の垂直の側面がきわめて薄いグレー、甲板、上部構造物と艦橋／操舵室の上面がもっと濃いめのグレーだった。艇体の吃水線より下は汚れ防止用の黒い塗料が塗られていた。

戦前のEボートは白と黒、またはそのいずれかの数字の艇番号が艇首の両舷に描かれ、鷲と鈎十字の国家紋章の鋳造金属板が、艦橋の側面下部に取りつけられていた。第二次大戦勃発以降は、艇番号も紋章もほとんど見られなくなった。

大戦中に敵の判断を混乱させるためのカムフラージュ塗装が、一部で試みられた。この塗装は主に英国海峡方面の部隊で用いられた。そのひとつは小波(さざなみ)の錯覚をあたえる効果をねらったパターンで、濃淡2段のグレーの塗装であり、これが舷側、後甲板の高さより上の部分に塗装された例と、垂直面の全部に塗装された例とがあった。しかし、Eボートは主に高速を活かして敵の射撃に捕捉されることを避けていたので、他の水上艦艇の場合ほどにカムフラージュの効果に頼ることはなかった。

　艇体の紋章を描いたEボートの例も少なくなかった。描かれた場所は艦橋の側面であり、特に多いテーマは跳びかかる姿勢の豹か虎のシルエットだった。

RADAR
レーダー

　Eボートの部隊でレーダーが有効に使用された例はまったくなかった。何隻かの艇に試験の目的でレーダーのセットが装備されたことはあったが、標準的な装備にしようとする

別の艇の写真だが、前頁の写真と同じく、艦橋からSボートの後部を見下ろした場面である。この艇の後部武装はもっと威力のある40mmボフォース機関砲である。艦橋後方の旗竿にはドイツ海軍軍艦旗が掲揚されている。軍艦旗が主檣、またはそれに代わるポールに掲揚された時は、その艦や艇が戦闘態勢に入っていることを表示し、その時の軍艦旗は戦闘旗と呼ばれる。

試みはみられなかった。その主な理由は、Sボートのような小型艇への装備に全面的に適したレーダーが開発されなかったことである。ある程度使用されて実用効果をあげたのはレーダー波受信装置だった。この装置によって敵の艦艇が発信したレーダー電波を捉え、Eボートは少なくとも敵艦が周辺の水域にいることを察知することができた。Uボートが使い始めた初期のこの装置、通称"ビスケー湾の十字架"は、木材のアンテナにワイヤーを取りつけただけの原始的な"道具"であり、1942年の末に一部のEボートもこれを使用し始めた。その後、サモスやノクサスのような改良されたレーダー波探知装置がUボート装備用に開発され、少数のEボートにも装備されたが、1944年の末になっても大部分のEボートはそのような機器の装備はなかった。

　Eボートが交戦する可能性のある英国の艦艇はレーダーを装備しており、ドイツの艦艇の動向を比較的容易に追跡することができた。Eボートは敵のレーダーを混乱させるために、新たに2種類の兵器を使用し始めた。いずれもUボートでの使用のために開発されたもので、テティス囮ブイとアフロディテ気球である。後者はヘリウムを充填した気球であり、下部にアルミ箔のテープが取りつけられ、短いケーブルで海面に流した浮体に繋がれていた。アルミ箔はレーダー波の強力な反射源となり、それに敵の注目が集中している間、Eボートはレーダーによる追跡を避けることができた。

ORGANISATION OF THE S-BOOTWAFFE
Sボート部隊の組織

　Sボートは初めのうち、F.d.T（Führer der Torpedoboote、水雷艇司令官）の指揮下に置かれた。ここでご注意いただきたいのは、このドイツ海軍のTorpedoboot、水雷艇という呼称は、小型駆逐艦と見てもよいほどの大型の艦を指していることである＊。1942年に水雷艇はF.d.Z（Führer der Zerstörer、駆逐艦司令官）の指揮下に移され、Eボートの部隊は新設された職位、F.d.S（Führer der Schnellboote、高速艇司令官）の指揮下に移された。

　＊訳注：ドイツ海軍の水雷艇は大型であり、800〜900トン級が主流であって、1,900トン級の艇もあった。日本海軍も1930年のロンドン条約の制限外である600トン以下の小型駆逐艦を12隻建造して、水雷艇と類別した。

　Eボートは艇隊（Flottile）に編成され、最終的に艇隊の数は14となった。これらの艇隊が戦った主な戦場は大戦の流れの中で、英国海峡／北海、バルト海／極北水域、黒海、地中海／エーゲ海の4つの戦域にわたった。一部のEボートはポーランド侵攻作戦の際にバルト海に配備されたが、ポーランド海軍が短期間のうちに制圧されたため、戦闘行動はほとんどなかった。4つの戦域で活動していた艇隊は次の通りである（3つの戦域を転戦した艇体もいくつかある）。

　　英国海峡／北海　　1、2、3、4、5、6、7、8、9、10、11
　　バルト海／極北水域　1、2、3、5、6、7、11、21、22
　　黒海　1
　　地中海／エーゲ海　3、7、21、24

　Eボート艇隊は独立した部隊として行動していたが、唯一の例外は地中海戦域であり、ここでは艇隊を統合して第一高速艇戦隊が編成された（その下に3つのグループが置か

れた）。

　1942年7月、Eボート乗組員訓練のための特別な艇隊が新編された。バルト海に面したシュヴィネミュンデ基地に新設された高速艇訓練艇隊である。この訓練艇隊は2つの中隊で構成され、第一中隊はシュヴィネミュンデ＝アイヒシュターデン、第2中隊はカーセブルクに配置された。この艇隊は1943年11月に3個艇隊編成の高速艇教育戦隊に拡大された。第1Sボート訓練艇隊は1943年11月に編成されて、Sボート母艦アードルフ・リュデリッツと共にバルト海に配備され、第2訓練艇隊は1944年4月に編成されて、母艦ツィンタオと共にノルウェー周辺とバルト海水域に配備され、第3訓練艇隊は1944年6月に編成されて、母艦カール・ペータースと共にラトヴィアのクールラントに配備された。

　初めのうち、Eボート艇隊には護衛を兼ねた母艦（2,000〜3,000トン）が1隻ずつ配備された。しかし、艇隊の数が増大し、同時に大戦勃発と共に造船所は能力の限度いっぱいまで追い詰められたため、計画されたSボート母艦の建造は6隻が完成したところで打ち切られた。

　Eボート部隊の兵力は比較的小さかったが、作戦の成果は高く、連合軍の船舶の航行にとって現実的な脅威となった。高い戦績をあげた艇隊司令と艇長23名が騎士十字章を授与された。そして、その中でも特に功績が高かったEボート乗りには騎士十字章柏葉飾りが授与され、それに加えて海軍最高司令官からの個人的な贈り物として、ダイアモンド付きのEボート記章が授けられた（通常のEボートバッジと同じ形だが、銀製、金箔張りであり、鉤十字の部分にダイアモンドが9つ埋め込まれていた）。

OPERATIONAL USE
作戦行動

　Eボートの計画された用途・目的とそれが発揮した効果について広く理解していただくために、作戦行動の一部をご説明しよう。

　第二次大戦が勃発した時、第1Sボート艇隊はバルト海に配備され、禁輸品輸送を阻止するためのパトロールの任務についていた。この艇隊はポーランド侵攻作戦に参加するように計画されていたが、ポーランド海軍がすぐに制圧されたため、戦闘の機会はなく、西方での作戦に参加するために本土水域に移動した。第2Sボート艇隊はヘルゴラント島を基地としていたが、この艇隊の戦力は怪

かなりな速度で航走中のEボートの後甲板から艇首の方を撮影した写真。甲板のスロープは強く、歩く時には一歩ずつ足下を踏みしめる必要がありそうだ。この艇は予備の魚雷を搭載せず、その代わりに甲板のラックには予備の機雷を搭載している。

しげなものだった。この隊の艇は故障多発のMAN社製ディーゼルエンジン装備だったからである。そのうちの1隻は暴風の日の激しい風波の中で重大な損傷を受け、必要な部品をスペアとして取り出すために解体されて、艇籍は抹消された。

　第2Sボート艇隊は元の艇を訓練艇隊に移し、新造艇を受領する部隊再編に入り、その間のブランクを埋めるために第1Sボート艇隊がヘルゴラント島に移動した。しかし、この艇隊も悪天候と波浪に悩まされ、その年いっぱい、ほとんど活動できない状態が続き、最終的に兵力再整備が必要となって実戦部隊の列から外された。1939年はSボート部隊全体にとって不運な年だった。

■英国海峡／北海方面のSボート艦隊
第1Sボート艇隊　母艦：ツィンタオ、カール・ペータース
第2Sボート艇隊　母艦：タンガ、ツィンタオ
第3Sボート艇隊　母艦：アードルフ・リュデリッツ
第4Sボート艇隊　母艦：ツィンタオ、ヘルマン・フォン＝ヴィッスマン
第5Sボート艇隊　母艦：ツィンタオ、ヘルマン・フォン＝ヴィッスマン、
　　　　　　　　　　　カール・ペータース
第6Sボート艇隊　母艦：ツィンタオ、タンガ、カール・ペータース、
　　　　　　　　　　　アードルフ・リュデリッツ
第7Sボート艇隊
第8Sボート艇隊　母艦：ツィンタオ、アードルフ・リュデリッツ
第9Sボート艇隊　母艦：ツィンタオ
第10Sボート艇隊
第11Sボート艇隊

　Eボート部隊の欧州西方での次の行動は、1940年4月9日に開始されたノルウェー侵攻作戦への参加だった。第1Sボート艇隊の5隻、S-19、21、22、23、24が9日に始まったベルゲン上陸作戦に出動した。作戦水域に向かう途中でS-19とS-21が衝突し、S-19は損傷が激しく、作戦に参加できなくなった。他の4隻は輸送船から海岸までの陸軍部隊のフェリー輸送、近隣のフィヨルドの奥深い位置の村落の占領、ノルウェー海軍部隊掃討の支援に当たった。

　第2Sボート艇隊はS-9、14、16、30、31、32、33の7隻が出動して、同日のクリスティアンサン上陸作戦に参加し、それがすぐに終わった後はパトロールと対潜哨戒の任務に移った。この時もMAN社製エンジンを装備した古い艇、S-9、14、16は、動力の信頼性がきわめて低かったために、ほとんど戦力にならなかった。

　欧州西方でのEボート部隊の初の実戦は1940年5月9日である。第1Sボート艇隊は北海北東部の水域、グレート・フィッシャー・バンクに向かう機雷敷設艦4隻の部隊の前衛の配置についた。一方、英国海軍の軽巡洋艦バーミンガム以下駆逐艦7隻の部隊が敷設艦部隊を攻撃するために東進しており、第1艇隊はこれを早期に発見し、敷設艦部隊に引き返しを指示すると共に、比較的新型のS-31、32、33、34が駆逐艦の隊列に攻撃をかけた。S-31が発射した魚雷1本は駆逐艦ケリーの艦体中部に命中し、危うく沈没を免れたケリーは僚艦に曳航されて根拠地に向かった。

　5月の末までには、第1、第2Sボート艇隊はいずれも、英国海峡の英本土沿岸近くで連合軍側の航行船舶に対する攻撃を開始していた。英国空軍（RAF）の戦闘機などの攻撃をたびたび受けたが、損失はなかった。しかし、Eボートの側も敵の船舶撃沈の戦果をあげることはできなかった。

　5月22日、ブーローニュ附近で艦砲射撃に当たっていた10隻あまりのフランス海軍の

Sボートの中部から撮影した屋根なしの艦橋の後部。艦橋には方位測定器のループ型のアンテナが装備されている。標準型のゴム製の大型ディンギーが画面の左下の隅に見え、前部機関室の上の上部構造物には2番目の四角い膨張式救命ラフトが置かれている。陽差しの明るい冬の日の写真であるようで、毛皮の帽子を被った者とサングラスをかけている者が何人もいる。

駆逐艦の中で、ジャギュアルが第1艇隊のS-21とS-23の雷撃を受け、座礁した後、爆撃機によって撃沈された。その1週間後、ダンケルクから撤収する兵員を満載した英国の駆逐艦ウェイクフルがS-30の雷撃によって撃沈され、大量の死傷者が発生した。その翌日、5月31日、第1Sボート艇隊は再びダンケルク撤収作戦の艦艇を攻撃した。この戦闘ではフランス海軍の駆逐艦シロッコがS-23とS-26の魚雷によって撃沈され、シクローンはS-24の魚雷によって艦首を吹き飛ばされ、修理のために乾ドックに入ったが、結局、解体処分された。

6月に入って、補強兵力として第3Sボート艇隊がロッテルダムに配備されたが、この艇隊の装備は第2艇隊からの"払い下げ"（故障多発のMAN社製エンジン装備の艇）であり、"役立たず"同然だった。

6月21日、フランスが降伏協定に調印すると、フランスの大西洋岸の基地はドイツ軍の手に落ち、第1Sボート

真正面から見た高速航走中のEボートの姿。これだけ高く艇首が海面から浮き上がっていることから考えて、この後期型の艇の前甲板に装備された20mm機関砲がどの程度役に立つものだったのか、かなり疑問である。このような状態では艇の前方への射撃はほぼ不可能であり、前方の目標は射手の視野に入らないはずである。

カラー・イラスト

解説は 47 頁から

A：大戦初期の低前甲板型

1

2

A

B：魚雷攻撃態勢に入った大戦初期型Eボート

C：大戦中期の高前甲板型

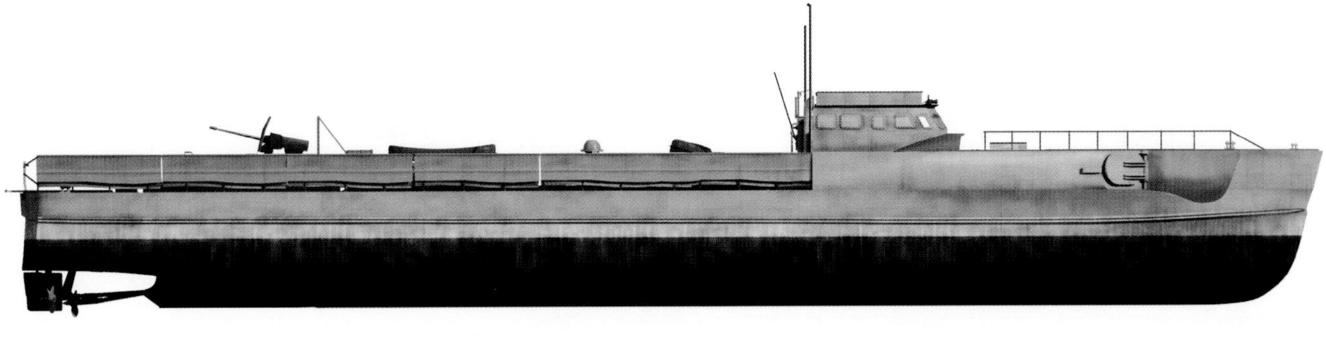

図版D
S-100型Eボートの解剖図

各部名称

1. 爆雷搭載ラック
2. 排煙装置
3. 折り畳み式バンク（寝棚）
4. 水兵居住区
5. 遮浪キャンバス（通常は後甲板側面の手摺に取りつけられている）
6. 前部機関室左側エンジン
7. アンテナ
8. 魚雷戦用双眼鏡
9. 装甲艦橋
10. 通信室
11. 前部居住区（下士官用）
12. 前甲板20mm高角機関砲
13. 洗面所とトイレ
14. 艇長個室
15. 前部燃料庫右側タンク
16. 前部機関室右側エンジン
17. 後部機関室中央エンジン
18. 中部燃料庫右側燃料タンク
19. ギャレー（調理場）
20. 弾薬ロッカー
21. 後部燃料庫右側タンク

仕様

全長：35m
全幅：5.3m
吃水：1.7m
排水量（最大）：112トン
最高速度：39ノット（72km/h）
航続距離：700浬（1296km）
乗組員：24名
武装：魚雷発射管2基、魚雷4本
　　　20mm高角機関砲3門
　　　37mm高角機関砲1門

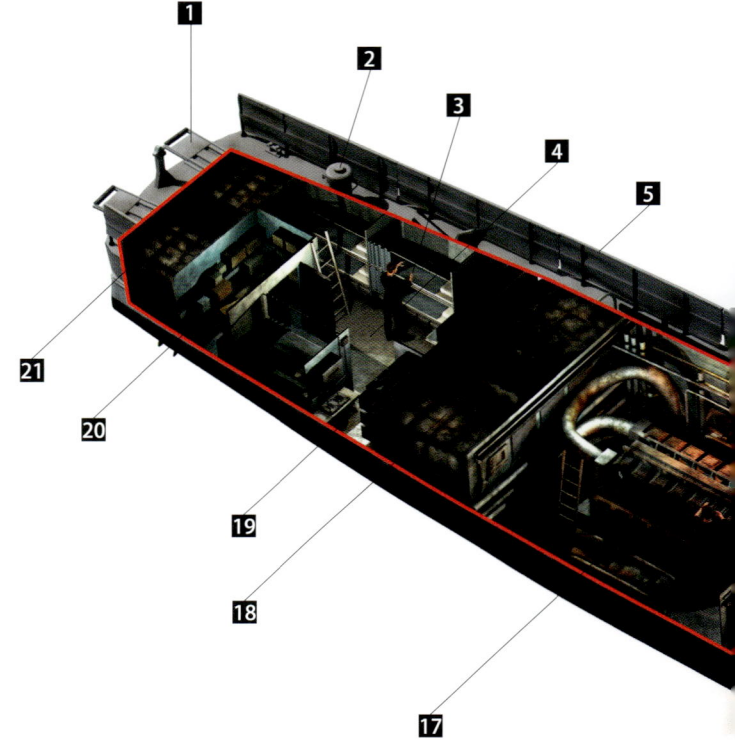

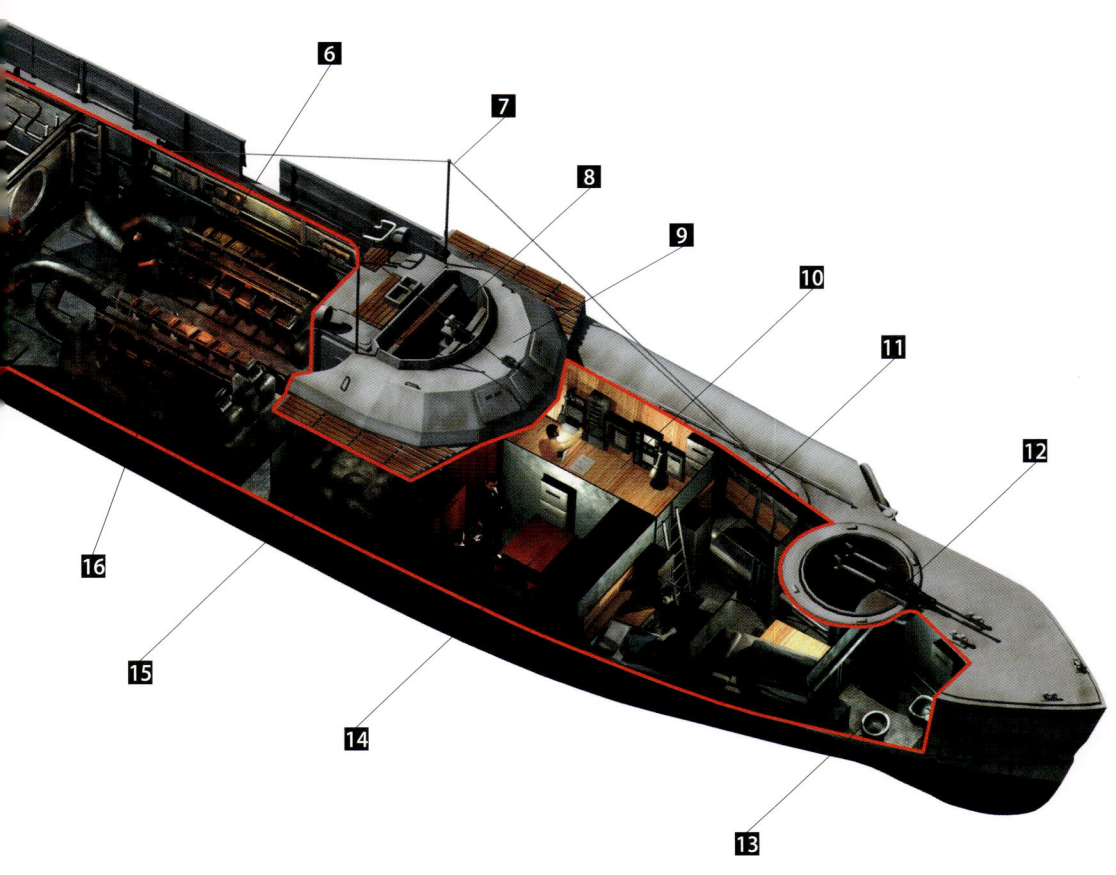

E：大戦後期の高甲板型Eボート

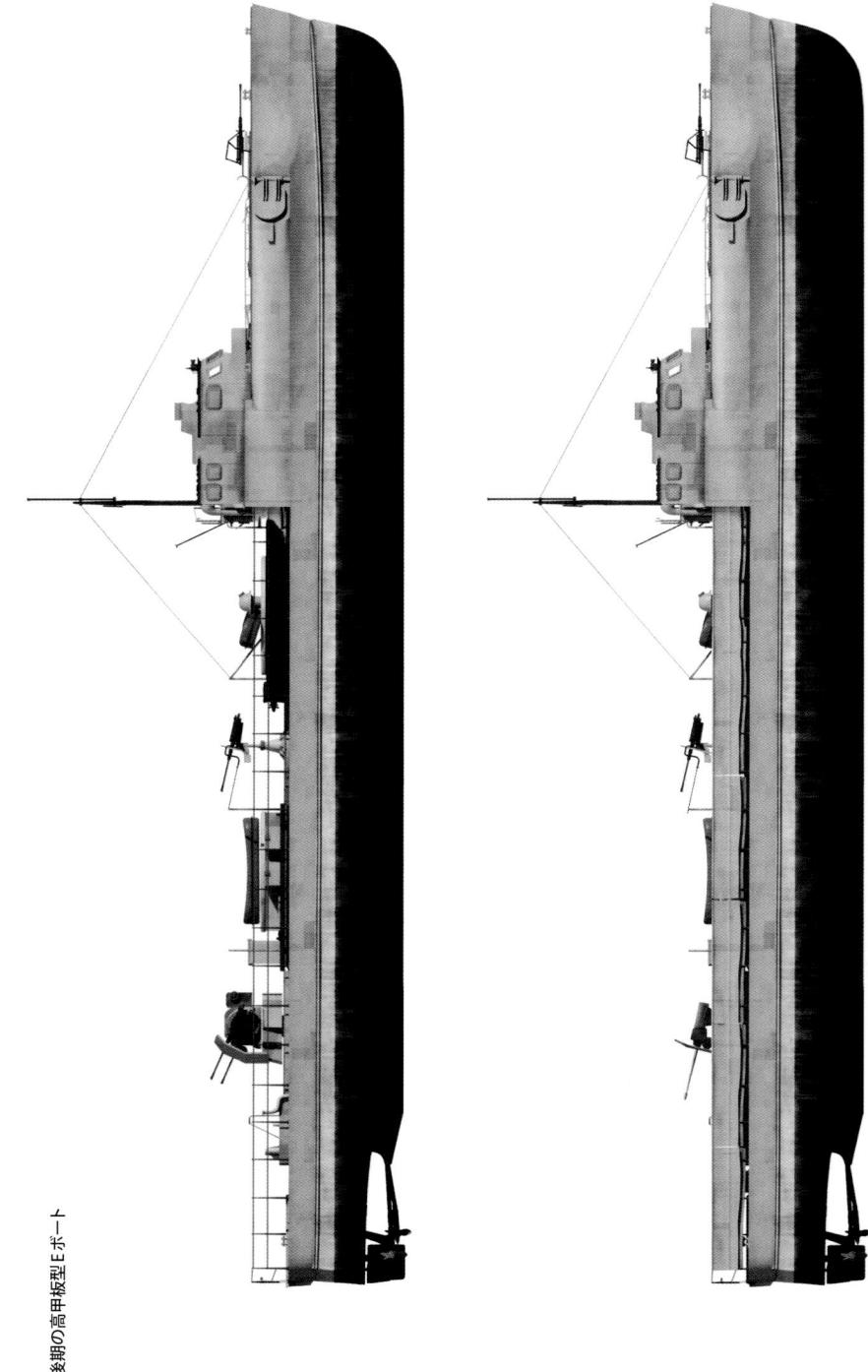

1

2

E

F：航空攻撃を受けている大戦後期型のEボート

G：大戦後期の装甲艦橋型Eボート

1

2

3

郵便はがき

おそれいりますが切手をお貼りください

101-0054

東京都千代田区神田錦町
1丁目7番地　㈱大日本絵画
読者サービス係 行

アンケートにご協力ください

フリガナ				年齢
お名前				（男・女）

〒
ご住所

　　　　　　　　　　　　TEL　　　　（　　）
　　　　　　　　　　　　FAX　　　　（　　）
　　　　　　　　　　　　e-mailアドレス

ご職業	1 学生	2 会社員	3 公務員	4 自営業
	5 自由業	6 主婦	7 無職	8 その他

愛読雑誌

このはがきを愛読者名簿に登録された読者様には新刊案内等お役にたつご案内を差し上げることがあります。愛読者名簿に登録してよろしいでしょうか。

　　　　　　　□はい　　　　　　　□いいえ

オスプレイ・ミリタリー・シリーズ
世界の軍艦イラストレイテッド3
**ドイツ海軍のEボート
1939-1945**

「ドイツ海軍のEボート 1939-1945」アンケート

お買い上げいただき、ありがとうございました。今後の編集資料にさせていただきますので、下記の設問にお答えいただければ幸いです。ご協力をお願いいたします。なお、ご記入いただいたデータは編集の資料以外には使用いたしません。

①この本をお買い求めになったのはいつ頃ですか？
　　　　年　　　　月　　　　日頃（通学・通勤の途中・お昼休み・休日）に

②この本をお求めになった書店は？
　　　　　　　　　　（市・町・区）　　　　　　　　　　　　書店

③購入方法は？
1 書店にて（平積・棚差し）　　2 書店で注文　　3 直接（通信販売）
注文でお買い上げのお客様へ　入手までの日数（　　　日）

④この本をお知りになったきっかけは？
1 書店店頭で　　　　2 新聞雑誌広告で（新聞雑誌名　　　　　　　　　　）
3 モデルグラフィックスを見て　　　4 アーマーモデリングを見て
5 スケール アヴィエーションを見て
6 記事・書評で（　　　　　　　　　　　　　　　　　　　　　　　　）
7 その他（　　　　　　　　　　　　　　　　　　　　　　　　　　　）

⑤この本をお求めになった動機は？
1 テーマに興味があったので　　　2 タイトルにひかれて
3 装丁にひかれて　　　4 著者にひかれて　　　5 帯にひかれて
6 内容紹介にひかれて　　　　7 広告・書評にひかれて
8 その他（　　　　　　　　　　　　　　　　　　　　　　　　　　　）

この本をお読みになった感想や著者・訳者へのご意見をどうぞ！

ご協力ありがとうございました。抽選で図書カードを毎月20名様に贈呈いたします。
なお、当選者の発表は賞品の発送をもってかえさせていただきます。

右舷側から見た後期の高前甲板型のEボート。前甲板の"タブ"型銃座の低い位置に20mm機関砲が装備され、艦橋は屋根なしの型である。艦橋の後方から艇尾までは遮浪キャンバスが張られている。

艇隊はシェルブール（英国海峡に面したコタンタン半島の先端）に移動した。6月29日、艇隊はワイト島周辺の水域に出撃し、英国の船舶を攻撃したが、撃沈戦果をあげるには至らなかった。その6日後、7月5日、ドーセット州ポートランドの南方沖合で護衛船団OA.178が急降下爆撃機の攻撃によって大損害を被り、それに続いて第1艇隊がこの船団を攻撃した。S-20が4,000トン級の貨物船を撃沈した外、S-20とS-26が各々貨物船1隻に大きな損傷をあたえた。

7月26日に第1Sボート艇隊は、前日に急降下爆撃機によって5隻を喪った護衛船団CW.8を海峡上で襲い、S-19、S-20、S-27が比較的小型の貨物船を各々1隻撃沈した。英軍は護衛の強化と船団の船舶数縮小の対策を取ったが、第1艇隊は8月8日にもニューヘイヴンの沖合でCW.9を攻撃し、S-21とS-27が小型貨物船各1隻を撃沈し、他の2隻にも損害をあたえた。この戦闘では1,000トン級の貨物船1隻が魚雷を避けようとして激しく舵を切り、僚船と衝突して沈没した。第1Sボート艇隊は9月4日にもグレート・ヤーマスの北東方でCW.12船団を攻撃し、S-21とS-18の2隻ずつの戦果も含めて中型貨物船5隻を撃沈し、1隻を撃破して、艇隊の側は損失も重大な損傷も皆無だった。この艇隊は10月の末に本国に移動したが、その前の最後の船団攻撃で貨物船3隻撃沈を戦果リストに加えた。

英国本土航空戦が進行すると、海峡上でのドイツ空軍機の不時着や落下傘降下が多数発生し、1940年の夏の終わり頃には第1Sボート艇隊も空海救難作業に活動した。一方、第2Sボート艇隊はベルギー北西部のオーステンデを根拠地とし、主に機雷敷設任務に当たった。

上段と同じ時期のEボートを左舷の前方から見た写真。前甲板の濃いグレーの塗装がわずかに見え、白に近く見える舷側の塗色との対照的な相違を際立たせている。この薄いグレーの塗装は高速で戦闘行動する小型の艇にとって、最も有効なものだと判断されて選ばれた。

後方から見たEボート。遮浪キャンバスは艇側面の手摺にだけ取りつけられているものであることに注目されたい。この艇は明らかに機雷を搭載しているが、機雷のラックを艇尾に装備していない場合でも、Eボートの艇尾部の手摺に遮浪キャンバスが取りつけられることはなかった。この艇は後部武装として40mmボフォース機関砲を装備している。

　この艇隊が敷設した機雷は130基以上に達したが、1隻触雷沈没の損害が発生した。自艇が敷設した機雷に接触したS-23が沈没したのである。

　8月の半ばに、オーステンデ基地で破壊活動によるものと見られる魚雷倉庫の爆発が発生し、数隻のEボートにも損害が及んだ。その後、補充が配備されたが、それらの艇もRAFの空襲による損害を受けた。オーステンデの第2艇隊とロッテルダムの第3艇隊との協同作戦も試みられた。Eボートの兵力は敵との交戦や空襲、それにS-29が僚艇と衝突して損傷した例のような事故によって減少していった。そのような損傷はこの種の艇が基本的に脆弱であることの現れだった。Eボートはきわめて高速であり武装は強力だったが、装甲防御はなく、損傷を受けやすかった。1940年の末には、大西洋／英国海峡に面した根拠地で可動状態にあるEボートは8隻に過ぎなくなっていた。

　欧州西部のEボート部隊にとって1941年は平静な状態で始まった。しかし、2月25日にこの状態は一変した。15隻のEボートが協同して護衛船団FN.417を攻撃し、ロースト フトの沖合で護衛駆逐艦エクスモア（S-30の戦果）と同艦が護衛していた貨物船1隻を撃沈する戦果をあげたのである。3月7日から8日にかけての夜には、昼間に偵察機が尾行していた2つの護衛船団、FN.26とFN.29を第1Sボート艇隊と第3艇隊がクローマーとサウスウォルドの2地点の沖合で襲撃し、4,800トンの貨物船1隻を含む7隻、合計13,000トン以上を撃沈した。しかし、その後の船団攻撃ではあまり戦果はあがらず、Eボートの任務は再び機雷敷設に重点が移っていったが、この任務も厳しい気象条件に強く制約された。

　1941年7月には最初の3つの艇隊に第4Sボート艇隊が新たに加わった。この時も以前と同様に、新入りの艇隊はポーランド・ビル岬、ダンジュネス岬、ドーヴァー港などの周辺の水域への機雷敷設任務に主に当てられた。この種の任務では、敵の艦艇や船舶に遭遇しなければ機雷を敷設できたが、遭遇した場合には魚雷で戦うことになり、散発的ではあるが予想外の戦果をもたらすこともあった。

　1941年後半の始まりの時期にはEボート部隊の兵力が増大したが、Eボートの基地は常にRAFの爆撃を受け、かなりの損害を被った。この時期の海峡地区での作戦状況の特

徴のひとつは、Eボートと英国海軍の同種の艇、MTB（モーター魚雷艇）、MGB（モーター砲艇）との間の戦闘が珍しいものではなくなったことだった。Eボートが根拠地に帰還する途中、待ち伏せしていたMTBやMGBに襲われる場合が何度もあった。そこで始まった戦闘は、戦果の上では勝負がはっきりしない戦いだったが、多くのEボートは損傷を受け、その修理には大きな期間と労力と資材が必要だった。それに加えて兵力の目立った低下が発生した。ノルウェー方面に配備する第8Sボート艇隊を新編するために、11月に第2艇隊の半数が引き抜かれたのである。

1941年の終わりが近づいた頃、Eボート部隊を力づける戦果があがった。第4Sボート艇隊が11月23日の夜、オーフォードネス灯台の東方で護衛船団を攻撃し、5,700トンの油槽船を含む3隻を撃沈し、1隻に損傷をあたえたのである。その5日後、11月28日の夜にも同様な攻撃成功があった。第4艇隊がクローマーの北西方で護衛船団を襲い、貨物船3隻を撃沈し、MGBの攻撃をうまくかわして、損失なしに帰還した。

1942年の初めは典型的な悪天候が続き、Eボートの作戦行動が少なくなった。英国海軍はどのような場合にもドイツ側の無線交信を傍受し、それにレーダーによる監視が加わって、Eボートの動向を把握していた。その結果、Eボートの攻撃を回避するために護衛船団のコースを変更させたり、艦艇をEボート迎撃の位置に誘導する措置を取ることができた。

海峡沿岸の基地に配備されていたEボートの一部は、ツェルベルス作戦——1942年2月11日の深夜近くに巡洋戦艦2隻と重巡1隻がブレストを出港し、13日に本国に帰還した作戦、いわゆる"海峡突破作戦（チャンネル・ダッシュ）"——の際に、第2、第4、第6Sボート艇隊が護衛の隊列に加わった。2月19日、第2Sボート艇隊が護衛船団FS.29を攻撃した際、MTBとの砲撃戦の中で、S-53はS-39と衝突し、機関室に浸水が発生して停止した。接触してきた敵の駆逐艦から拿捕のための兵員が乗り込んでくると、艇長ブロック中尉が爆破装置を作動させ、S-53は沈没した。3月14/15日の夜にも第2艇隊は英国沿岸近くに出撃し、FN.55船団を目指して進み、S-104は荒い波浪の中で敵の3隻を発見し、護衛の駆逐艦ヴォーティガーンを魚雷2基で仕止めた。

Eボートは英軍の護衛との間で変化が激しい戦いを交えることが増していった。3月14/15日の夜のFN.55船団攻撃に参加したS-111もその例のひとつである。S-111は僚艇と離れて1隻でオランダのアイモイデンの基地に帰る途中、大陸沿岸に近づいた時に3隻のMGBに襲われ、砲戦で激しく損傷して降服した。英軍の指揮官はドイツの乗組員を移乗させ、海図など機密書類を接収した後、S-111を曳航して根拠地に向かった。しかし、間もなく、S-111の行方を探していた第2艇隊のEボート3隻が現れ、そこで始まった砲戦ではMGBが圧倒され、鹵獲艇を残して退却した。S-111は僚艇に曳航さ

鉄兜を被った乗組員。意識を強く集中していることが表情に現れている。彼は艦橋の右端の位置に立ち、魚雷発射装置の操作の任務についている。

他の水上艦艇と比較すれば小型ではあるが、ドイツ海軍のEボートは英国海軍のMTB/MGBや米国海軍のPTボートよりはかなり大きかった。この写真には艦橋に立つ数名の乗組員が写っており、Eボートのサイズの大きさが理解できる。これだけ大きな艇でありながら、40ノット（74km/h）の高速を発揮したのである。

れて基地に向かったが、途中で10機あまりのスピットファイアの攻撃を受け、爆弾が命中して転覆し、放棄された。

その後、Eボートは機雷敷設任務にもどり、彼らの機雷によって駆逐艦2隻と貨物船2隻を沈没させる戦果をあげたが、そこで春の激しい悪天候が始まり、その任務もしばらく停止せねばならなくなった。次に大きな戦果があがったのは7月9日である。無線傍受と偵察機の報告に基づき、第2Sボート艇隊がライム湾沖合でWP.183船団を襲撃し、荒天の下で貨物船5隻と武装トローラー1隻、合計13,000トン近くを撃沈した。この時期にはEボートが目標を発見することが明らかに難しくなっており、英国側が船団の航路のパターンを変えたことを示していた。1942年の夏の終わりにはEボートの大半にとって再び機雷敷設が主な任務になった。

北海方面ではEボートにとって長らく目立った作戦行動の機会がなかったが、9月に入って激しい戦闘が発生し、Eボートが大きな戦果をあげた。9月10日、オランダのテセル島沖で英軍のMTBとMGB合計5隻がドイツ軍の小船団を襲って2隻を撃沈した。ここで第2Sボート艇隊との間で砲撃戦が始まり、英軍の艇隊は大きな損害を受け、MGB35はドイツの艇隊に捕獲された。この艇はドイツ海軍の基地に曳航されていき、そこでレーダー装置を始め重要な装備がドイツ側の手に落ちた。

10月2日には、海峡沿岸基地に配備されたEボートが護衛船団を攻撃し、戦果をあげる機会に恵まれた。第5Sボート艇隊の4隻がエディーストーンの沖合でPW.266船団を攻撃し、武装トローラー1隻を撃沈し、駆逐艦1隻に損傷をあたえた。北海沿岸配備の艇隊も戦果をあげた。第2艇隊の6隻と第4艇隊の3隻が協同して、10月7日の夜、クローマーの沖合で護衛船団を襲い、7,500トン級の貨物船3隻、武装トローラー1隻、海軍の曳船1隻を撃沈したのである。11月18/19日の夜、第5Sボート艇隊の6隻がプリマス南方の水域でPW.250船団を襲い、3,500トン級の貨物船3隻と武装トローラー1隻撃沈の戦果をあげた。第5艇隊は11月30日の夜にもPW.256船団を攻撃し、武装トローラー1隻撃沈、1隻撃破の戦果を加えた。12月2日夜の第5Sボート艇隊の4隻による出撃は、海峡方面のEボート部隊の1942年最後の船団攻撃行動となった。海峡上でPW.257船団を襲い、小型貨物船1隻と駆逐艦1隻を撃沈したが、帰途に英軍機の攻撃によって、Eボート2隻が大きな損害を受けた。

北海方面の部隊では第2、第4Sボート艇隊から17隻が大量出撃した12月12日の夜の

作戦が、1942年の最大級の規模、そして最後の対船団行動となった。ローストフトの沖合でFN.889船団を攻撃して、貨物船5隻、合計7,100トンを撃沈したが、護衛艦艇との戦闘で2隻が重大な損傷を受けた。

それまでEボートの部隊は、よく知られている英軍の護衛船団のコース附近で待機していて、夜間攻撃をかける戦術を主に用いていたが、1943年の初めには、その戦術が役に立たなくなったことはっきりした。英軍は沿岸の施設と哨戒機のレーダーによって厳重に洋上を監視する体制を整備し、それが主な原因だった。Eボートが船団に待ち伏せ攻撃をかけるために、"潜伏している"場所が海上になくなったのである。

1943年の初めの時期の北海は例年の通り酷い気象状態が続き、その上に戦闘による損失や損傷によって出撃可能なEボートの兵力が低下していたので、船団攻撃で戦果をあげる見込みは薄かった。多数の艇による集中的な攻撃を試みると、ほぼ例外なく英軍に探知され、MGBと戦闘機の攻撃を受けた。その英軍の迎撃に対する魚雷攻撃行動に対してだけではなく、機雷敷設行動も同様に押さえ込まれた。英軍はレーダーによってEボートの行動を監視し、機雷を敷設した地点を把握することができたので、大方の場合、その地点は敷設作業のすぐ後に掃海されてしまった。

幸運なことに、Eボート部隊は春のうちに何度か戦果をあげることができた。2月26日の夜には第5Sボート艇隊の4隻がライム湾でWP.300船団を攻撃し、4,800トンの商船1隻、武装トローラー2隻とLCT（戦車揚陸艇、640トン）1隻を撃沈し、多数の乗組員を捕虜にした。4月12日から13日にかけての夜、第5Sボート艇隊が7隻の兵力で、リザート岬の沖にさしかかったPW.323船団を襲い、護衛の2隻のノルウェー海軍の駆逐艦のうちの1隻にS-90が魚雷2基を命中させ、その後にS-112とS-65が撃沈した。貨物船1隻も3隻協同で撃沈した。海峡地区のEボート艇隊の船団攻撃はここで一段落して、その後6カ月ほどは主に機雷敷設任務に当たった。

9月に入って北海沿岸のEボート部隊は空軍の協同の下に大規模な機雷敷設行動、"プローベシュテック"（試験材）作戦を実施した。24日の夜、第2、第4、第6、第8Sボート艇隊の29隻が出撃したが、出港後間もなく高速航走中の2隻が接触し、損傷が大きかったために離脱した。それ以外の艇は、ハリッジとオーフォードネスの沖合に機雷120基を敷設した。MGBなどとの交戦が発生し、武装トローラー1隻を撃沈したが、Eボートの側も1隻が甚大な損害を受け、もう1隻が敵艇の体当たりを受けて沈没した。この作戦で喪失または損傷した艇は4隻であり、出撃した29隻に対する比率は14パーセントに近い。そして、これだけの損害を受けながら敷設した機雷原は短い時間の間に掃海されてしまう空しい作戦だった。この程度の率の損耗はすぐには致命的な打撃にはならないが、それがコンスタントに続けば、長くは耐えていけないものだった。

戦果！ 撃沈戦果を示すペナントを士官が艦橋の側面の無線アンテナに取りつけている。根拠地に帰還する時に戦果ペナントを掲げるのは、Uボート部隊とSボート部隊に共通の慣行だった。ペナントには1枚ごとに、撃沈した艦船の推定排水量が書かれていた。

ある艇隊の装甲艦橋型のEボート多数が単縦陣を組んで航走している。バルト海での訓練演習の場面である。

　10月24日の夜、1カ月前と同じ4つのSボート艇隊、第2、第4、第6、第8の32隻がアイモイデンから出撃し、クローマーの沖合でFN.1160船団に攻撃をかけた。出港のすぐ後にこのEボートの集団は、大陸での作戦後に帰還するRAFの爆撃機に発見され、それはただちに通報されていた。英軍はこの集団をレーダーで追跡し、駆逐艦5隻とMGB5隻を主力とする迎撃態勢を整えていた。Eボートは艇隊ごとの群れになって次々に目標に向かった。第6艇隊は武装トローラー1隻を撃沈した後、駆逐艦1隻及びMGB数隻と交戦し、大きな損害を受けて後退した。第4艇隊も同様に苦戦した。MGB1隻に損傷をあたえたが、S-63が駆逐艦のラミングにより、そしてS-88はMGBの砲火により撃沈され、船団周辺から駆逐された。第2、第8両艇隊は船団に接近しかかっただけに留まり、大きな損傷を受けた艇はなかったが、早々に撃退された。海峡沿岸地区のEボートは翌月、北海地区の部隊より少しは高い戦果をあげた。第5Sボート艇隊が11月2日の夜、8月以来ひさしぶりに船団攻撃に出撃し、9隻の兵力によってヘイスティングスの沖合でCW.221船団を襲い、中型と小型貨物船合計3隻を撃沈したのである。

　この時期、機雷敷設作戦によってある程度の戦果を収めたが、それで喜んではいられなかった。英軍は船団の護衛を強化し、対Eボート戦専門の航空哨戒網を拡げ、北海での船団攻撃は一段と困難になっていった。欧州西部のEボート部隊にとって、大戦4年目のこの年の戦績は期待外れだった。撃沈は16隻、合計26,000トンをわずかに越えるだけであり、前年の実績より30パーセント低下していた。

　1944年の初め、海峡水域の天候は穏やかであり、この地区の艇隊は以前よりはるかに西方まで足を伸ばした。1月5日の夜、第5Sボート艇隊の7隻がイングランドの南西部、ランズエンド岬の沖でWP.457船団を攻撃し、貨物船3隻と武装トローラー1隻を撃沈したのである。第5艇隊は1月31日にもビーチー・ヘッドの南東方沖合でCW.243船団を攻撃し、貨物船2隻と武装トローラー1隻撃沈の戦果をあげた。この時期、北海地区の艇隊は激しい気象条件のため、基地から出撃する機会がほとんどなかった。2月22日から23日にかけての夜、第2、第8両艇隊の15隻がスミスズノール附近で船団攻撃を試みたが、撃退された。その戦闘中に第2艇隊のS-94とS-128が衝突し、損傷が大きかったために自沈処分された。

3月に入っても彼らの戦雲は好転しなかった。3月26日、アイモイデンのSボートとRボートの基地が米軍のB-26とA-20、370機あまりによる攻撃を受けた。先導機が投弾地点を誤ったために爆撃効果は低かったが、それでも第8艇隊のS-93とS-129が撃沈された。4月以降、北海地区のSボートは主に機雷敷設任務に当たった。

　海峡地区のSボートは4月の末近く、最高のレベルの列に並ぶ戦果をあげた。27日から28日にかけての夜、第5Sボート艇隊と第9艇隊の9隻が、駆逐艦とコルヴェット艦各1隻の護衛と共にライム湾を西に向かって低速で航行している米軍のLST（戦車揚陸艦、1,600トン）8隻を攻撃した。連合軍側のEボート接近探知の遅れに乗じて、LST2隻を撃沈し、1隻に大損害をあたえた。米軍の人命損失は大きく、乗組員197名と陸軍の兵員552名が死亡した。これらのLSTは間近に迫ったDデイ上陸作戦に備えた訓練の行動中であり、湾の西側の海岸で揚陸作戦の実地演習を実施するために兵員と装備を搭載していた。

　1944年6月6日、連合軍のノルマンディ上陸作戦が始まると、Eボートは艦船攻撃の機会を求めて毎晩出撃したが、連合軍の防御態勢は強固であり、敵の艦船の膨大な数に対比するとごくわずかな損害をあたえただけに留まった。揚陸艦数隻とフリゲート艦ハルステッドがEボートの魚雷によって撃沈され、輸送船数隻がEボートによって敷設された機雷に触れて沈没した。

　しかし、この戦いでS-139とS-140は彼ら自身が触雷して沈没し、S-178、S-179、S-189は連合軍の航空部隊によって撃沈された。いくつかのEボート部隊は深刻な魚雷不足に悩まされた。そして、6月14日にはル・アーヴルのEボート基地が220機以上のRAFの四発重爆の昼間爆撃を受け、Eボート14隻が撃沈されるという大損害を被った。

　7月30日、第6Sボート艇隊の3隻がイーストバーンの東方で船団を攻撃したが、結果は成功とも不成功ともいえないものだった。船団は貨物船11隻とLST8隻に護衛がついていた。艇隊が発射した魚雷は6本だったが、5本が命中する好成績を示した。しかし、戦果としては撃沈は貨物船1隻、3隻は大破（4隻とも7,000トン以上の中型船）だった。それと長射程魚雷の使用実績を比較してみると、後者は8月4日に初めて発射され、8月18日までに合計91本が発射された。そしてその戦果は輸送船3隻撃沈と、貨物船、旧式巡洋艦、修理艦、掃海艇各1隻撃破だった。

　その後、間もなく、Eボートはフランスの海峡沿岸地区の基地から撤退し、オランダのロッテルダムとアイモイデンの両基地から作戦行動を続けた。欧州西部に残されたEボート基地は常にRAFの爆撃を受けたが、スケルデ河河口湾*を主とした水域で、その年の冬にかけて機雷敷設作業を続けた。

　*訳注：90kmほど上流には、1944年秋以

後期の装甲艦橋型Eボート。前甲板の20mm機関砲と魚雷発射管（管口のカバーが開かれている）がはっきり写っている。艦橋前面の見張り窓の装甲フラップ（細いスリットがついている）にも注目されたい。通常、訓練艇隊の艇には艇番号が表示されていたが、この艇には表示がないので、出撃して魚雷を全部発射した後の実戦艇隊の艇が基地に帰還してくる場面と思われる。速度はかなり低く、これから魚雷を発射しようとする体勢でないことは確かである。

夕日が傾いた海面を背にしてEボートのシルエットが浮かんだ情緒的な画面である。黒海で撮影された第1Sボート艇隊の艇。艇首の波はあまり高く上がっておらず、穏やかな速度で走っているようだ。後甲板の砲は大きな防盾がついているので、37mm高角機関砲であると思われる。

降、連合軍の補給基地となったアントワープ湾がある。

　1945年の初めには欧州西部に残っている可動状態のEボートは26隻になっていた。1月22日の夜、第9Sボート艇隊がダンケルクの北方で船団攻撃を試みたが、戦果は落伍していた貨物船1隻を撃沈しただけであり、護衛のMGBとの間の砲戦によって大きな損害を被った。スケルデ河口湾での機雷敷設行動は継続され、ある程度の戦果があった。例えば、2月17日の夜に第2、第5艇隊が敷設した機雷に触れてフランスの駆逐艦ラ・コンバッタントと武装トローラー1隻が沈没した。

　2月22日から23日にかけての夜、5つの艇隊の22隻が英本土東海岸沖合で協同作戦を展開した。第4、第6、第9Sボート艇隊が陽動行動をとり、グレート・ジェイムズの北東で護衛が手薄になったFS.1734船団を第2、第5艇隊が攻撃した。多数の魚雷命中があったが、撃沈戦果は貨物船2隻に留まり、MGBとの砲戦と衝突事故により、各1隻のEボートが喪われた。1月から3月にかけての欧州西部でのEボートの戦果は艦船28隻撃沈、8隻撃破と推測されている。

　1945年4月12日の夜、アイモイデン基地から3つの艇隊のEボート12隻が出撃し、スケルデ河口沖合に機雷を敷設した。これが欧州西部でのEボートの最後の作戦出撃となった。敷設作業後に英軍の駆逐艦1隻とMGB数隻による攻撃を受け、損傷した艇もあったが、12隻全部が逃げ切った。この日に敷設した機雷によって敵の艦船3隻が沈没し、1隻が損傷により行動不能に陥った。

　英国海峡と北海におけるEボートの作戦行動を検討してみると、2つのことが極めて明白になる。第一は、Eボートの艇隊が特に頑丈なものではなく、戦闘による損傷を頻繁に受けたことである。これはこの種の艇の特徴であり、速度が重視されて装甲防御が省かれたためなのだが。第二は、驚くほど多くのEボートが僚艇と衝突し、損傷が大きいために自沈処分される例も多かったことである。Eボートが極端な高速で航走し、あたり一面に射弾と曳痕弾が飛び交う中で、船団の船舶の間を縫ってEボートとMGBが追跡し合う大混乱がその原因であるのは確かだが、これもこの種の艇が本来持っている危険性だったのかもしれない。

■バルト海／極北水域のSボート艇隊

第1Sボート艇隊
第2Sボート艇隊
第3Sボート艇隊
第5Sボート艇隊
第6Sボート艇隊
第7Sボート艇隊
第8Sボート艇隊
第11Sボート艇隊
第21Sボート艇隊　母艦：カール・ペータース

　前に述べた通り、1941年9月のポーランド侵攻作戦の初期の段階に、バルト海でわずかながらEボートの活動はあったが、目立った作戦行動に進むこともなくポーランド作戦は終結した。しかし、"バルバロッサ"作戦――ソ連侵攻作戦――の準備が進められる中で、バルト海においてEボートを作戦任務に当てることが再び考えられた。1941年6月22日に始まった対ソ連戦の初期の作戦行動はほぼ全面的に機雷敷設だったが、6月23日にラトヴィア沿岸で第1Sボート艇隊のS-35が、爆雷によってソ連の潜水艦S-3を撃沈した辞令もあった。その数日後、機雷敷設任務についていた第2艇隊のS-43とS-106が、ソ連の機雷に触れて沈没した。

　6月26日、第3Sボート艇隊がフィンランド湾西部でソ連の部隊と交戦し、掃海艇1隻を撃沈し、駆逐艦と潜水艦各1隻に損害をあたえた。7月26日の夜にはリガ湾の北部で、第3Sボート艇隊が駆逐艦スメリーを撃沈した。Eボートの部隊は開戦以来ほぼ全力をあげてフィンランド湾での機雷敷設作業を続けていたが、この水域のソ連軍の海軍部隊が無力化してきたのに伴い、9月下旬から10月初旬にかけてだんだんにこの任務は縮小され、停止に至った。冬の到来と共に厳しい氷結が始まり、あまり頑丈ではないEボートにとっては危険な状態となった。

　1941年末から1944年の初めまで、バルト海はEボートの部隊にとってかなり安全な訓練水域として使用され、ここで実戦出撃が行われることは皆無に近かった。1944年9月、フィンランドがソ連と講和条約を結び、バルト海がEボートにとってほぼ安全な訓練水域

後期型のEボートの前甲板砲座に装備された20mm高角機関砲と砲座要員の2名。左側の要員は射撃手。右側で双眼鏡によって敵機の動きを見張っているのは装填手である。

だった状況は変わった。その後もバルト海でのEボートの目立った戦闘行動は見られなかったが、欧州での大戦終結の直前の時期にこの状況は一変し、ソ連軍の急進撃が目近に迫った地域からの避難民の脱出輸送にEボートは全面的に動員された。驚くべきことに、この最後の大混乱の期間に敵との交戦で喪われたEボートは1隻もなかった。

　1941年6月、ソ連侵攻作戦開始の際、ドイツ海軍最高司令部はノルウェー最北部にEボートを配備することが必要だと判断した。ノルウェーとフィンランドとの間の補給路を防衛するためである。その判断は作戦行動に移され、1941年12月にSボート母艦アードルフ・リュデリッツが第8艇隊のSボート数隻を曳航してトロムセに向かった。艇を曳航したのは、北方水域の激烈な風浪の中の航行によってエンジンが摩耗や故障することを避けるためである。翌年1月にEボートはノルウェーの北東端、バレンツ海に面したヴァルデに移動した。第8艇隊はこの基地から、コーラ河河口湾＊に機雷を敷設する作戦を数回試みたが、いずれも激しい気象状態のために途中で作戦中止された。1月27日に南南西90km、バレンツ海に直接に面していない地域のキルケネスに移動したが、ここでも激しい気象状況のために、出撃はいずれも目的達成に至らずに終わった。6月に入っても、一度試みられた大規模な機雷敷設作戦が悪天候のために途中で放棄されるありさまだった。

　＊訳注：コーラ河河口湾はヴァルデの南東180km。米英から援助のために、大量の武器・弾薬がソ連に供与され、その輸送のために多数の大船団が極北航路でソ連に運行されたが、冬季コースの船団の大部分はコーラ河の40kmほど上流のムルマンスクで貨物を陸揚げした。

　1942年6月の下旬、交替部隊、第6Sボート艇隊が到着し、第8艇隊はキールに帰還して解隊され、所属艇は他の艇隊に配分された。新着の第6艇隊も前任の隊以上に活動することはできず、最初の出撃も激しい気象条件のために途中で中止された。その後に重

ヘルマン・ビュフティングが乗組員たちにペナントを授与している。ソ連機1機撃墜に対するご褒美である。この写真は1942年の夏、黒海での行動中に撮影された。そのため、皆の服装は熱帯地用である。この赤い地のペナントには白い円形の中に描いた黒い鉄十字がついている。これは"敵機撃墜"確認ペナントと呼ばれ、1940年に制定された公式の褒賞である。Eボートによる敵機撃墜はとても珍しい戦功だった。

要な作戦行動を実施することは一度もなく、結局、極北地区の基地から撤退し、新しい基地、ロッテルダムに移動した。1942年12月、第8Sボート艇隊が再び編成され、ノルウェーに派遣された。この時の基地はノルウェーの北西部、ノルウェー海側のボーデだった。配備期間は短く、作戦行動はない状態が続いた後、1943年1月にキール基地にもどってきた。1944年11月、極北地域にEボート基地を設営することが再び、そして最後に試みられた。第4Sボート艇隊が1944年11月にノルウェー南部のクリスティアンサンに移動したのである。しかし、この配置は作戦上不要と判断され、翌月には撤退した。

　ノール岬の周辺と北極圏外周線沿いの水域の風浪はいつも激烈だった。Eボートがその条件の下での活動に不適であることは明白であり、実際に有効な作戦行動を取ることはできなかった。それでもなお、Eボートがこの地域に派遣され続けたことは理解に苦しむ。

■黒海のSボート艇隊

第1Sボート艇隊

　1941年6月、ドイツ軍の侵攻作戦開始と共に、黒海でのソ連海軍の行動は活溌になり、それに対抗するためにドイツ海軍部隊を派遣することが決定された。それを実施するための最大の問題は海軍部隊をどのようにして黒海に送り込むかだった。幸い、1941年秋にEボートを地中海に送り込んだ実績があったので、同じ方法でEボートと小型のⅡ型潜水艦を黒海に移動させることになった。派遣されるEボートの部隊としては第1Sボート艇隊が選ばれ、艇はハンブルクからドレスデンまではエルベ河水路を通り、ドレスデンからインゴルシュタットまでは地上輸送、そこからドナウ河の水路に入り、ルーマニアの黒海岸の港湾都市、コンスタンツァに出た。最初の一群は1942年6月初めに到着し、月の半

Eボートに装備されていた20mm高角機関砲のサイズはかなり大きい。この写真に写っている通り、周囲の銃座要員の背丈との対比でそれがよくわかる。しかし、この武器の貫通力と破壊力は、その主な用途である対空戦闘ではあまり高く評価されていなかった（しかし、地上戦で歩兵支援兵器として使用された時には、大きな威力を発揮した）。画面右側の射撃手が革製パッドのついた金属製の支持架に肩を当て、それにもたれる姿勢を取っていることに注目されたい。

ばまでには6隻全部が行動可能状態で揃った。第1艇隊はただちにイタリア海軍の高速艇部隊と協同して作戦行動を開始し、ドイツ軍に包囲されているクリミア半島南西端のセヴァストポリに兵員・弾薬を補給輸送するソ連の艦艇に対する攻撃に当たった。この要塞・軍港都市は7月2日に陥落し、第1艇隊はその月のうちにソ連海軍の基地だったイヴァン・ババに移動して、この新しい基地からこの水域のドイツ船舶航行の護衛のために出撃を重ね始めた。

9月に入って、タマン半島*のソ連軍が海路による撤退を始めると、Eボートは輸送艦艇に対する攻撃に当たり、19隻撃沈の戦果をあげた。第1Sボート艇隊の基地は何度か敵機の空襲を受けたが、Eボートの作戦行動能力に影響する損害を受けることはなかった。

*訳注：タマン半島はカフカスの北西部のクリミア半島の東端と幅の狭い海峡で隔てられている。

1943年2月までにはクリミア半島とカフカスの周辺の形勢はドイツ軍の不利に傾き始め、2月5日から数日のうちにタマン半島南岸のミスチャコにかなりの兵力のソ連軍が上陸した。第1Sボート艇隊はこの上陸地点周辺の攻撃に出動し、掃海艇と砲艦各1隻を撃沈し、機雷を敷設した。その後、橋頭堡を攻撃し、多数の上陸作戦用のポンツーンやバッジを撃沈、撃破した。

1943年5月、イタリアがこの戦域での海軍の作戦行動を停止したので、イタリアの魚雷艇数隻をドイツ海軍が引き継ぎ、これらの艇によって第11Sボート艇隊が編成された。元イタリア艇は主に船舶護衛と対潜哨戒の任務に使用されたが、外国製の艇の予備部品不足は深刻な弱点であり、可動性がだんだんに低下していき、1943年10月に第11艇隊は解隊された。この戦域でのソ連軍の戦力は増大し続け、Eボート部隊はたびたび連合軍の攻撃を受けるようになり、戦果はわずかな隻数の沿岸運行用の小型船舶を撃沈するだけになっていった。

1944年3月には、グラツィ（ドナウ河上流の河湾都市）のルーマニア海軍の軍港が閉鎖され、RAFの機雷投下のためにドナウ河の水路航行は実際上停止した。4月上旬にはドイツ軍とルーマニア軍の部隊がオデッサから海路撤退し、Eボート部隊はその掩護行動に活動して、その後に新しい基地、セヴァストポリ（ここからもドイツ軍は5月12日までに撤退した）とコンスタンツァに移動した。いまや東部戦線の南方戦域のドイツ軍は後退と撤収が続いていた。コンスタンツァのEボート基地はRAFの強烈な爆撃を受け、3隻が撃沈され、3隻が大きな損傷を受けた。

第1Sボート艇隊の背には最後の1本の麦わらが載せられた。8月23日、ルーマニアはソ連に降伏し、連合軍側に寝返って、ただちにドイツに対して宣戦布告したのである。艇隊はその時点で残っていた艇が敵の手に渡るのを防ぐために、すべての艇を自沈処分した。

■地中海のSボート艇隊

第3Sボート艇隊
第7Sボート艇隊
第21Sボート艇隊
第24Sボート艇隊

1941年、Eボートを地中海に派遣することが決定された。比較的、水深が浅く波が穏やかな地中海はEボートの作戦行動に適しており、北アフリカの連合軍と孤立しているマルタ島の英軍に貴重な物資を輸送する護送船団を、Eボートによって攻撃しようと計画さ

れたのである。ドイツ軍はその意図を固く秘匿し続けた。作戦行動開始の時の効果を最大限にすることを期待したのと、この動きが連合軍に知られて、移動の途中のEボートが攻撃されるのを避けるためである。移動を敵の目から隠すために、Eボートは大陸内の水路、河川と運河を通って地中海に向かうことになった。そして水路の航行、殊にライン＝ローヌ運河とローヌ河の航行中にはEボートの正体を隠すことが必要と考えられ、普通の曳船のように見せかけるために、艇の甲板上に丹念な偽装が施された。

第3Sボート艇隊の兵力の半分である5隻、S-31、S-33、S-34、S-35、S-61は1941年10月7日にヴィルヘルムスハーフェンを出港し、ロッテルダムからワール河／ライン河を遡航して14日にストラスブールに到着し、それから1ヵ月あまりをかけてやっとローヌ河河口のポール・サン・ルイ（マルセイユの東50km）で地中海に出た。11月18日にラ・スペツィア港（ジェノヴァ湾岸）に移動し、1週間の整備作業の後、最初の作戦基地となるシチリア島東岸のアウグスタに12月1日に到着した。

12月12日、第3艇隊は初めてのパトロールに出撃したが、敵に遭遇せず、それ以降はマルタ島周辺の機雷敷設に従事した。1942年1月の半ばには第3艇隊の残りの半分が本国から到着し、2月の初めには艇隊の全兵力がシチリア島南部、西寄りの地域のポルト・エンペドクルの新しい根拠地へ移動し、この基地からマルタ島周辺での機雷敷設作戦を継続した。3月23日には英国海軍の駆逐艦サウスウォルド、6月15日には同クジャウィアクが触雷沈没し、他の艦船数隻も損傷するなど、Eボートの機雷敷設の戦果があがった。

5月に入ると、アフリカ北岸、キレナイカの要塞・港湾都市トブルクの外周の英軍の防御地区に対して、ロンメル将軍のアフリカ兵団は圧力を増していった。英軍は様々な艦船によってトブルクへの補給を強化した。第3艇隊はシチリア島西端から南へ100kmの洋上のパンテレリア島とトブルクの北西150kmの地点、ダルナに基地を移し、トブルク沖合の水域で攻勢的パトロールを展開した。6月16日早暁にはアレクサンドリアから東航する船団を襲撃し、英国の軽巡ニューキャッスルに大損害をあたえ、駆逐艦ヘイスティを大破した（味方がすぐに撃沈処分した）。トブルクは6月20日朝からのロンメルの強襲作戦によって翌朝に陥落したが、Eボートは英軍の将兵を乗せて脱出しようとする艦艇・船舶を攻撃し、多数を撃沈または拿捕した。第3艦隊はその後、再びマルタ島への補給船団に対する攻撃に力を傾け、輸送船4隻を撃沈した。

1942年10月には増援部隊、第7Sボート艇隊が到着し、両艇隊は積極的に機雷敷設活動を展開した。1943年3月12日、第3艇隊はアルジェリアのボーヌから出撃した英軍の駆逐艦部隊と遭遇し、S-55がライトニングを撃沈した。しかし、イタリア内に配置されている枢軸国軍には危険が近づいており、Eボートの機雷作戦も攻勢的敷設から防御的敷設に移っていった。連合軍のシチリア島上陸が間近だと予想されると、Eボート艇隊は島の南岸のポルト・エンペドクルから撤退し、まず島の北岸西寄りのパレルモに移動し、それから本土のサレルノ（ナポリの南東50kmの港湾都市）に基地を移した。7月の半ばに組織上の改編があり、第3艇隊と第7艇隊が新たに設けられた第1Sボート戦隊の下に並んだ。2つの艇隊はいずれも間近に迫った連合軍のイタリア本土上陸作戦を前に、メッシナ海峡の防衛態勢パトロールに当たった。

9月のイタリア降伏の際の第3艇隊の行動は、地中海でのEボートの作戦行動の中で最高の戦果をあげたもののひとつとなった。この日、9月8日、第3艇隊のS-54とS-61はタラント港に在泊していた。両艇はただちに出港したが、その際に港口に機雷を敷設しておいた。その後、間もなく（9月10日）兵員400名を乗せて入港してきた英軍の高速敷設艦アブディールが触雷して沈没し、多数の死者が発生した。2隻のEボートはアドリア海を北上していく途中で11日にイタリアの砲艦オーロラと遭遇して撃沈し、商船2隻を拿捕

した。その後も北へ航行し、同日、ヴェニスの南方で遭遇したイタリアの駆逐艦キンティノ・ステラを撃沈した。両艇は燃料切れの直前にヴェニスに入港し、イタリア軍の守備隊に降伏を要求し、それを受諾させた。

9月9日、連合軍はサレルノへの大規模な上陸作戦を開始した。第3、第7Sボート艇隊は攻撃を命じられたが、強大な艦艇と船舶の上陸作戦部隊に目立った損害を与えることはできなかった。唯一の例外は、10日から翌月にかけての夜、第3艇隊の3隻が船団を攻撃し、米軍の駆逐艦ロウエンを撃沈した戦果だった。

11月の半ばまでには、地中海西部でEボートの行動をこの先継続しても、作戦上の効果はあがらないことが明らかになり、可動状態のEボートはすべて東方のエーゲ海に移動した。

その10カ月後、1944年9月の末には、エーゲ海で第3、第7、第21、第22、第24の5つのSボート艇隊のEボートが活動していた。そのうちで、実戦で有効に行動できるのは第3、第7両艇隊の艇だけだった。第21Sボート艇隊が装備しているLSボートは、重要な任務に使用するにはあまりにも小型であり、武装が貧弱だった。第22Sボート艇隊が装備していたKMボートは、LS型よりももっと兵器としての有用度が低かった。第24Sボート艇隊は鹵獲した元イタリア海軍の艇を装備していた。これらの艇は高速だったが、小型であり、武装が不十分だった。

エーゲ海でのEボートの用途は、敵の補給航路を狙って機雷を敷設することと、機会をみて船舶に魚雷攻撃をかけることと計画されていた。しかし、実際には、悪天候と連合軍の圧倒的な制空権の下では、そのような作戦行動の機会はきわめて少なかった。Eボートは主にパトロールとパルチザン制圧行動に当たり、たびたび発生する英軍のMTBとの小競り合いでは、劣勢に立たされることが多く、殊に第21、第22、第24艇隊の場合はそれが明白だった。

9月には第22Sボート艇隊をクロアチア海軍に譲渡することが試みられたが、彼らは同盟軍としての信頼性が怪しく、2隻がパルチザン側に脱走するという事故が発生した後、ドイツ側は残った艇を取りもどした。10月には第7艇隊は艇と人員を第3艇隊に移動させた後は解隊された。少なくとも1個艇隊を、定数いっぱいまたはそれに近い兵力を備え、有効な戦力を持つ状態にしておくための措置だった。第21、第24の両艇隊は解隊された。この2つの隊が装備していた艇はいずれも使い途のない状態になっていた。そして、第22艇隊の装備は再びクロアチア海軍に譲渡された。この隊の艇はほとんど作戦行動の役に立たないものなので、信頼できないクロアチア人の手に渡しておいても、実際の危険はないと判断されたためと思われる。

12月に入って、連合軍の上陸作戦部隊が発見されたとの通報があり、Eボートの部隊はダルマチア諸島、ロシーニ島の周辺に至急出撃した。結局、この通報は誤りであり、出撃は空振りに終わったのだが、Eボートの部隊はそこで小型攻撃兵器戦闘部隊（Kleinkampfmittelverband）*の"リンゼ"（レンズ豆）爆装モーターボートの攻撃を受けた。2つの部隊はいずれも、味方の別の部隊が同じ地区で行動していることを知っていなかった。

*訳注：略称はK戦闘部隊。魚雷に操縦席を加えたような"ネゲール"（黒人）や1人乗り小型潜航艇"ビバー"（ビーバー）など数種の小型兵器が、1943年末から開発され、"リンゼ"もそのひとつ。これらを使うK戦闘部隊が1944年夏に新編された。海軍最高司令部直轄とされ、多数の独立的なグループとして多くの地域で行動するように計画されていた。リンゼは爆薬300kgを装備した1人乗りの体当たり艇2隻と、乗員3名の指揮艇1隻が隊を組んで行動し、前者の乗員は目標に艇の針路を向けた後に脱出し、後者に救助さ

れ、後者の乗員が前者の最終段階の遠隔操縦に当たる戦術だった。

　大戦の最後の数週間に至っても、生き残ったEボートはK戦闘部隊と共に戦い続けたが、兵力は損耗していった。3隻は座礁した後に破壊処分され、2隻は衝突事故で喪われ、連合軍の爆撃とパルチザンの攻撃による損失も各1隻あった。敗戦まで残っていた艇は、イタリア中部、アドリア海側のアンコーナに移動して、1945年5月3日に連合軍に降服した。
　大戦の全期間にわたって、Eボートはさまざまな戦運の下で戦った。Eボートは比較的脆弱であり、それは衝突事故での損失隻数に表れている。そして、彼らの作戦行動は天候と海面の条件によって強い制約を受けた。しかし、Eボートは連合軍に重大な脅威をあたえ続け、Uボートに次ぐ大きな船舶撃沈戦果をあげた。彼らはドイツ海軍のもっと大型の艦艇と比較して、対コスト効果の高い兵器だったことは確かである。

■参考文献 BIBLIOGRAPHY
Beaver, Paul, *E-Boat and Coastal Craft*, Patrick Stephens, Cambridge, 1980
Kuhn, Vollmar, *Schnellboote im Einsatz*, Motorbuch Verlag, Stuttgart, 1976
Mallmann-Showell, Jak P., *The German Navy in World War Two*, Arms & Armour Press, London, 1979
Mallmann-Showell, Jak P., *German Navy Handbook 1939-1945*, Sutton Publishing, Stroud, 1999
Whitley, M. J., *German Coastal Forces of World War Two*, Arms & Armour Press, London, 1992

カラー・イラスト解説 color plate commentary

A：大戦初期の低前甲板型
　このページには大戦初期の低前甲板型2隻の側面図が並んでいる。上段の図（1）はS-10である。S-7～S-13のグループの1隻であり、フェゲザックのリュルッセン社で建造され、1935年3月にドイツ海軍に就役した。前甲板が低い型のこの艇は、荒れた海面を高速で航走すると大量の海水を被った。このため、艦橋のすぐ前には大きな波浪抑えパネルが取りつけられている。これらの初期の艇は比較的軽武装だった。前部の武装は甲板中心線上の柱脚に装備された7.92mm機関銃1挺であり、側面図では魚雷発射管の前端あたりに並んで見える。後部の武装は後部上部構造物の屋根に装備された20mm単装高角機関砲である。艦橋／操舵室は全周、上部とも外板で覆われた密閉型だった。艇尾、軍艦旗の下に見える円筒型の構造物が煙幕発生装置であり、装甲防御のないEボートが敵の砲撃の下で避退する時に効果を発揮した。S-10は大戦の後半、魚雷攻撃の任務から外され、第51前哨艇隊に配備され、哨戒・偵察艇として活動した。大戦終結まで生き残っていて、本国に移送された。1947年にノルウェー海軍への移籍が計画されたが、現役に復帰することはなくて終わった。

　下段の図（2）はS-24である。S-18～S-25のグループの1隻であり、S-10と同じリュルッセン社で建造され、1939年9月に就役した。外観は前の型と同じようだが、全長は2m長い。S-10型のエンジンがダイムラー・ベンツ社製16気筒MB502だったのに対して、S-24はやや大型の同社製20気筒MB501装備に変わったためである。
　現役部隊のEボートの大半は、後甲板に海水があふれるのを防ぐために、このS-24の図のように側面の手摺に遮浪キャンバスを張っていた。もうひとつ、この図で注目すべき点は、艇前部の舷側に並んだ6つの舷窓である。大戦後期のEボートでは舷窓はなくなった。
　おもしろいのは艦橋の外、発射管後部をカバーしている側板に描かれた艇の紋章、跳び上がった虎である。その下には"30,000 to"という文字――撃沈戦果合計30,000トンを表している――が書かれている。この種の艇のコストは低い（比較的）ので、中程度の戦果をあげたこの艇は十分に高い対コスト効果を達成したと評価することができる。Uボートの部隊では個艦の紋章を描くのはごく普通のことだったが、水上艦艇ではめずらしいことだった。このS-24の例以外にEボートの部隊では、黒いパンサーやジャンプする鹿などをテーマにした

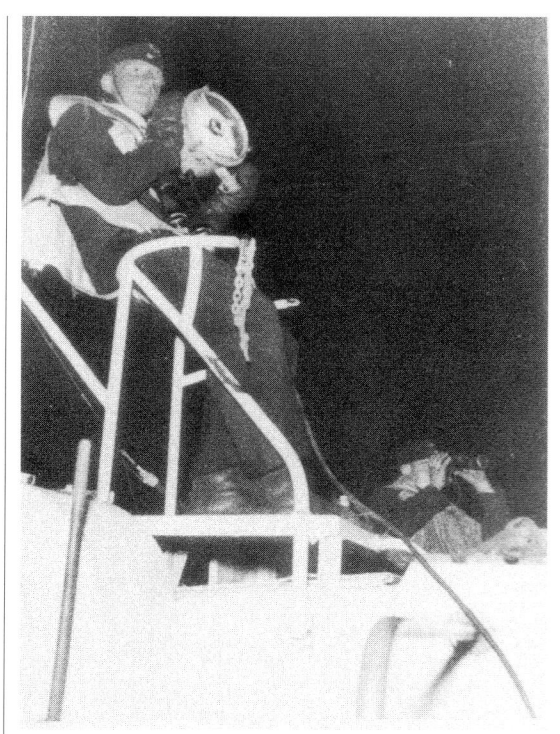

屋根なし型の艦橋の後方に設けられた通信手用の小さい作業プラットフォーム。安全のための手摺がついている。この夜間作戦の場面では、手持ちの探照灯を肩のあたりに構えた水兵が立っている。

Eボートは軽量で防御装甲なしの艇だったので、戦闘では戦死者と負傷者が多発した（少なくとも装甲艦橋型が登場するまでは）。この乗組員は顔に弾片による負傷を受けながら、元気よく敬礼している。

艇首を水面から高く上げ、波をかき分けて高速で走るスマートなグレーハウンド——これが現在でも残っているEボートのイメージであり、そのすべてがこの第1艇隊の艇の姿に現れている。1942年夏の強い日差しの下で黒海水域を航走している場面である。

個艇紋章があった。S-24は1941年に実戦部隊から外され、その後は訓練に使用された。この艇も大戦終結まで生き残り、1946年1月に戦利品としてソ連に引き渡された。その後の消息は不明である。

B：魚雷攻撃態勢に入った大戦初期型Eボート

　このイラストには高速航走している大戦初期型Eボートの姿がいきいきと描かれている。魚雷発射管のドアを開き、発射準備を整え、目標に向かって高速で航走しているこの艇は、リュルッセン社で建造されたS-18〜S-25型の1隻である。この艇の姿を見ると、後甲板の手摺ぞいの遮浪キャンバスの効用を理解できる。これがなければ後甲板にどれだけ大量の海水があふれるか、容易に想像できるからである。この艇の前甲板に機銃装備はない。大戦中の写真のなかで、前部機銃を装備した初期型艇の例は見当たらない。この装備は敵の船舶に対する魚雷攻撃の際にほとんど価値がなく、対空戦闘でも効果がなかったためであろう。

C：大戦中期の高前甲板型

　1940年から高前甲板型の建造が始まった。この改良によって、小型の艇であるEボートの耐波性は大幅に改善された。ここに並んだ2点の側面図は、高前甲板型の初期の2つの例である。

　上段の図（1）は1942年にオーステンデを基地としていた第4Sボート艇隊の1隻である。以前の型より高くなった前甲板の上は通常、比較的整頓されていた。前部機銃装備のための柱脚の基板は取りつけられていたが、この型の艇で実際に機銃が装備された例はきわめて少なかったと思われる。前部機銃の射撃手はまったく無防備のまま敵機の写真にさらされることになったはずである。注目すべき点は、前甲板の後部が艦橋／操舵室の側面の甲板に向かって反り返っていることと、通常の前甲板の塗料、濃いグレーが前甲板の舷側の上部まで拡がっていることである。この艇はめずらしくカムフラージュ・パターンの塗装が施されている（きわめてめだたないが）。大半のEボートに共通な艇の側面全体の薄いグレーの上に、濃いグレーの斑点が加えられている。後甲板の武装は以前の型の20mm単装高角機関砲に代わって、この艇には37mm単装機関砲が装備され、対空戦闘の打撃力が目立って増大した。この型のEボートではまだ艇前部の舷側に居住区の舷窓が残され、艦橋は以前の型の艇と同様に全体が外板でカバーされたキャビン型である。

　下段の図（2）も初期の高前甲板型の艇だが、操舵室の上に屋根なしの艦橋が設けられている。この型の艇も前甲板には、必要に応じて機銃装備用の柱脚を装備するための基板が取りつけられていたが、実際に機銃を装備した艇の例は大戦中の写真の中に見当たない。艦橋の前には波浪抑えパネルがあり、その前方には艇内部の居住区に降りていくための大きなハッチが設けられている。

Eボートの水兵居住区とギャレーの様子。食卓の向こう端の水兵の背後は乗組員のロッカーの一部である。使用される時以外には、テーブルは畳まれて収納される。

鉄兜を被った乗組員が汚水を舷外に投棄している。彼が片足を乗せているのはラックの上の予備魚雷である。魚雷が数本のバンドでしっかり固定されている点に注目されたい。この艇でも側面に遮浪キャンバスが張られている。

Eボートの乗組員が艇の小さい貯蔵庫に食料品やその他の必需品を補給する作業に当たっている。トイレットペーパーのロールの量が目立っている。これは前甲板の情景であり、前部居住区に下りていくハッチが開かれ、そこに梯子が立てられているのが写っている。

D：S-100型Eボートの解剖図

　この解剖図はEボートの最終型、S-100型の内部を示している。この型は全面的に装甲化された艦橋と、20mm機関砲11門の防御武装をもっていた。艇体内の最前部には洗面所とトイレがある。それに続いて下士官用の前部居住区がある。この区画の前方よりの両舷には二段の寝棚があり、その間に折り畳み式のテーブルが配置されている。その区画内の後部は、左舷側にもうひとつバンクがあり、右舷側にはバンクも備えた先任下士官の小さいキャビンがある。その後方の区画の左舷側は通信室であり、無線通信用の機器が配置されている。そして右舷側には艇長のキャビンがある。この区画の後方、艦橋の真下にあたる区画は前部燃料庫であり、3,000リッター入りのタンクが左右に各1基配置されている。

　後方、次の区画は前部機関室であり、そこには左右2基のディーゼルエンジンが装備され、艇尾の3基のスクリューのうちの外側の2基を駆動する。この区画の床の下には蓄電池が配置されている。この区画の後方は後部機関室であり、ここに装備されたエンジン1基によって中央のスクリューが駆動される。魚雷駆動用の圧縮空気はこの区画に配置された装置から供給される。機関室の後方には中部燃料庫があり、容量約1,500リッターの中央タンクと、その左右に容量3,000リッター以上の大型タンクが各1基配置されている。

　この燃料庫の後方、かなり艇尾に近い位置には水兵の居住区がある。この区画の前部バルクヘッドの左半分には折り畳み式の二段バンクが取りつけられ、その上には水兵たちのロッカーが設けられている。そのとなり、右舷の側には小さな調理場と食料品貯蔵庫があり、リング2つの電気調理器も備えられている。この区画の左側は後方の端近くまで二段バンク2組が並んでいる。右舷の側、ギャレーのすぐ後方には二段バンク1組が詰め込まれている。その後方、この区画の後部いっぱいまで、かなり横幅の広いスペースが弾薬ロッカーに当てられ、後部バルクヘッド沿いの左側にわずかに残った隙間にも乗員用のロッカーが置かれている。居住区の中央には折り畳み式の小さいテーブルがあり、その両側には三段バンクがひとつずつある。居住区には梯子があり、それを登ってハッチを通り、後甲板に出る。船尾の区画も燃料庫であり、各2,000リッター入りのタンク2基が左右に置かれている。

E：大戦後期の高甲板型Eボート

　このページの2枚の側面図は、大戦後期の高前甲板型Eボートが装甲艦橋に改造される前の状態を示している。

　上段の図（1）はすばらしい20mm四連装高角機関砲を後部に装備したグループの1隻である。この火器は大量の弾数を集中的に発射することができるが、20mm砲弾はそれ自体、ことさら高い破壊力は持たず、貫通力が不十分だったために、ドイツ軍の中でも軽蔑的に〝ドアノッカー〟と呼ばれるほどだった。

　この艇の中部にはこの時期の標準となっていた20mm連装機関砲、前甲板の〝タブ〟銃座には20mm単装機関砲が装備されている。合計でEボートは20mm機関砲7門を装備し、一部の艇は四連装2基を装備して合計11門になり、同様に防御装甲なしに近い敵の魚雷艇や砲艇と活潑に撃ち合った。しかし、それでも、この武装の本来の目的である対空戦闘では、Eボートは常に不利な立場に置かれた。この艇はまだ、艦橋が操舵室の上に取りつけられ、覆いや装甲なしの状態である。

　下段の図（2）は（1）とほぼ同型の艇だが、後甲板側面の手摺に遮浪キャンバスが取りつけられており、艇後部にもっと強力な37mm単装高角機関砲を装備してい

救命胴衣を身につけたEボート乗組員2名が、敵機を警戒して上空を見張っている。この写真は黒海での作戦中に撮影されたもので、この戦線でEボートは頻繁にソ連の戦闘機の攻撃を受けた。

る。この砲は貫通力が強く威力の高い兵器だったが、生産量が不十分だったために代替として20mm四連装を装備せねばならず（Uボート部隊も適切な対空火器の不足の問題を抱えていた）、時にはすばらしいボフォース40mm機関砲を装備することもあった。

F：航空攻撃を受けている大戦後期型のEボート

　このイラストには大戦後期型のEボート、S-100シリーズの艇が敵機と交戦している場面が描かれている。艇は高速で航走しながら強く面舵を取り、右に傾いている。そして高速度のために艦首は高く上がり、甲板は後方へ傾斜している。機関砲はいずれも、攻撃してくる数機のスピットファイアを捕捉しようと射撃を続けている。大戦の初期には20mm機関砲1門にすぎなかったEボートの対空防御は、この時期までに格段に強化されたが、それでも敵機に襲われた時にはEボートは大きな危険に曝された。この図の例のような新型艇では、艦橋の周辺には一応の防御装甲が施されていたが、艇体や甲板はいまだに敵機の機関砲弾に対して脆弱だった。Eボートは攻撃してくる敵機をたびたび撃墜したといわれている。しかし実際には、この軽量のEボートが高速で波の荒い海面を走り、敵機の射線を避けようとして激しく機動している時、対空火器の安定的な射撃プラットフォームであるはずはなかった。

G：大戦後期の装甲艦橋型Eボート

　上段の図（1）はリュルッセン社で建造されたS-38〜S-53のグループの1隻であり、装甲艦橋取りつけを含む改造を受けた後の状態である。この艇は前甲板の単装20mm、艇中部の連装20mm、後部の単装37mm、合計4門の機関砲を装備している。この機関砲装備と艇の外観は大戦後期のEボートの最も典型的なものと見てよいだろう。

　中段の図（2）は遮浪キャンバスを取りつけた状態のS-100である。装甲艦橋の低いプロファイルと、大戦後期の艇の特徴である舷窓なしの舷側によって、スマートなスタイルに見える。S-100はリュルッセン社で建造されて1943年5月に竣工したが、S-101から後の同型艦35隻はトラヴェミュンデのシュリヒティング社で建造され、その後のS-136とS-138〜S-150はリュルッセン社での建造にもどった。S-100は1944年6月の連合軍のノルマンディ上陸作戦のすぐ後、ル・アーヴル基地で空襲によって撃沈された。

　下段の図（3）は最も大型のEボートのクラス（S-219〜S-228。その外に未完成、未着工の同型艦265隻がある）のうちの1隻、S-223である。この型はダイムラー・ベンツMB511過給機付ディーゼルエンジンを装備して、43.5ノットの高速を出したが、サイズがやや大きいこのエンジンを装備するために全長がS-100型より約1m長く、36mになった。S-223はシュリヒティング社で1944年10月に竣工し、北海方面に配備された。大戦最後の時期のEボートの作戦行動まで活動し、1945年4月8日にオーステンデのすぐ北の地点で触雷し、沈没した。

◎訳者紹介 | 手島 尚（てしま たかし）

1934年沖縄県南大東島生まれ。1957年、慶應義塾大学経済学部卒業後、日本航空に入社。1994年に退職。1960年代から航空関係の記事を執筆し、翻訳も手がける。訳書に『ドイツ空軍戦記』『最後のドイツ空軍』『西部戦線の独空軍』（以上朝日ソノラマ刊）、『ボーイング747を創った男たち』（講談社刊）、『クリムゾンスカイ』（光人社刊）、『ユンカースJu87シュトゥーカ 1937-1941 急降下爆撃航空団の戦歴』『第2戦闘航空団リヒトホーフェン』（小社刊）などがある。

オスプレイ・ミリタリー・シリーズ
世界の軍艦イラストレイテッド　3

ドイツ海軍のEボート
1939-1945

発行日	2006年3月9日　初版第1刷
著者	ゴードン・ウィリアムソン
訳者	手島 尚
発行者	小川光二
発行所	株式会社大日本絵画 〒101-0054　東京都千代田区神田錦町1丁目7番地 電話：03-3294-7861 http://www.kaiga.co.jp
編集	株式会社アートボックス http://www.modelkasten.com/
装幀・デザイン	八木八重子
印刷／製本	大日本印刷株式会社

©2002 Osprey Publishing Limited
Printed in Japan
ISBN4-499-22908-1　C0076

German E-boats 1939-1945
Gordon Williamson

First Published In Great Britain in 2002,
by Osprey Publishing Ltd, Elms Court,
Chapel Way, Botley Oxford, OX2 9LP.
All Rights Reserved.
Japanese language translation
©2006 Dainippon Kaiga Co., Ltd